新 日本の探鳥地

北海道編

BIRDER編集部●編

クマゲラ 写真：大橋弘一

目次 CONTENTS

札幌近郊

- 円山公園・北海道神宮【札幌市中央区】 8
- 藻岩山・旭山記念公園【札幌市中央区】 10
- 西岡公園【札幌市豊平区】 12
- 豊平公園【札幌市豊平区】 14
- 真駒内公園・真駒内川【札幌市南区】 16
- 滝野の森【札幌市南区】 18
- 山の手通り【札幌市西区】 20
- 篠路五ノ戸の森緑地・篠路団地河畔緑地【札幌市北区】 22
- 東屯田川遊水地【札幌市北区】 24
- 野幌森林公園【札幌市厚別区／江別市／北広島市】 26
- 石狩川河口【石狩市】 28
- 石狩湾新港周辺【石狩市】 30
- いしかり調整池【石狩市】 32
- 新川河口【小樽市】 34

道央

- 長橋なえぼ公園【小樽市】 38
- 寿都湾【寿都郡寿都町】 40
- 舞鶴遊水地【夕張郡長沼町】 42
- 長都沼【千歳市／夕張郡長沼町】 44
- 北海道大学苫小牧研究林【苫小牧市】 46
- ウトナイ湖【苫小牧市】 48
- ポロト自然休養林【白老郡白老町】 50
- 大浜中【余市郡余市町】 52
- 測量山・マスイチ展望台【室蘭市】 54
- 長流川【伊達市】 56
- 鵡川河口・鵡川漁港【勇払郡むかわ町】 58
- 宮島沼【美唄市】 60
- 滝川公園【砂川市】 62

道南

- 白神岬【松前郡松前町】 66
- 奥尻島【奥尻郡奥尻町】 68
- 函館湾【函館市／北斗市】 70
- 函館山【函館市】 72
- 大沼国定公園【亀田郡七飯町／茅部郡森町】 74
- 八郎沼公園【北斗市】 76
- 鹿部町本別【茅部郡鹿部町】 78
- 砂崎岬【茅部郡森町】 80
- オニウシ公園【茅部郡森町】 82
- 遊楽部川【二海郡八雲町】 84
- 後志利別川【久遠郡せたな町】 86
- 静狩湿原【山越郡長万部町】 88

日高・十勝

- 静内川河口【日高郡新ひだか町】 92
- 様似漁港【様似郡様似町】 94
- 襟裳岬周辺【幌泉郡えりも町／広尾郡広尾町】 96
- 十勝沖【十勝郡浦幌町】 98
- 湧洞沼【中川郡豊頃町】 100
- 十勝川下流域【十勝郡浦幌町／中川郡豊頃町／中川郡池田町】 102
- 帯広川・相生中島【帯広市／中川郡幕別町／河東郡音更町】 104
- 稲田地区【帯広市】 106
- 千代田新水路【中川郡幕別町】 108

サロマ湖キムアネップ岬　写真：大橋弘一

道東

白糠町刺牛海岸【白糠郡白糠町】	112
星が浦川河口海岸【釧路市】	114
釧路西港【釧路市】	116
副港・北埠頭・知人町船溜【釧路市】	118
新釧路川【釧路市】	120
春採湖・千代ノ浦マリンパーク【釧路市】	122
鶴見台【阿寒郡鶴居村】	124
阿寒国際ツルセンター・タンチョウ観察センター 【釧路市】	126
厚岸湖湖畔・厚岸漁港【厚岸郡厚岸町】	128
落石【根室市】	130
春国岱【根室市】	132
花咲港・花咲岬【根室市】	134
納沙布岬【根室市】	136
野付半島【野付郡別海町／標津郡標津町】	138
知床半島（ウトロ）【斜里郡斜里町】	140
斜里漁港【斜里郡斜里町】	142
濤沸湖・小清水原生花園 【網走市／斜里郡小清水町】	144
網走港【網走市】	146
網走湖【網走市】	148
能取湖・能取岬【網走市】	150
サロマ湖・ワッカ原生花園 【北見市／常呂郡佐呂間町】	152
おけと湖【常呂郡置戸町】	154

道北

コムケ湖・シブノツナイ湖【紋別市】	158
オムサロ原生花園【紋別市】	160
稚内副港【稚内市】	162
利尻町森林公園【利尻郡利尻町】	164
クッチャロ湖・ベニヤ原生花園 【枝幸郡浜頓別町】	166
メグマ沼湿原・声問の浜【稚内市】	168
サロベツ湿原【天塩郡豊富町】	170
兜沼公園【天塩郡豊富町】	172
幌延ビジターセンター木道 【天塩郡幌延町】	174
ウソタンナイ川【枝幸郡浜頓別町】	176
天売島【苫前郡羽幌町】	178
朱鞠内湖【雨竜郡幌加内町】	180
神楽岡公園【旭川市】	182
永山新川【旭川市】	184
キトウシ森林公園【上川郡東川町】	186
大雪旭岳源水・旭岳展望台 【上川郡東川町】	188
南丘森林公園【上川郡和寒町】	190

column

北海道探鳥の注意点	6
これはオススメ！ 野鳥を鮮明に見るならこの道具	36
北海道でぜひ会いたい鳥 BEST10 ①	37
北海道の「困った」交通事情	64
北海道の防寒対策	90
これはオススメ！ 野鳥を軽快に見るならこの道具	110
北海道でぜひ会いたい鳥 BEST10 ②	111
北海道は「野鳥観光」の先進地	156

冬の大沼国定公園　写真：大橋弘一

本書の使い方 HOW TO USE

1 紹介する探鳥地の名前と概略をまとめてあります。

3 その探鳥地でバードウォッチングをするのに適切な時期を表記してあります。

5 紹介する探鳥地のおすすめのコースや特徴，イメージについてまとめてあります。

6 見られる鳥の種類と探鳥地の環境をアイコンで表記してあります。

代表的な鳥	ワシタカ類	カモメ，アビ，ミズナギドリなどの海鳥。	カワセミ，カワガラス，キセキレイなどの川の鳥。	カモ，カイツブリ，ガンなど。	オオヨシキリ，ヒバリ，コジュリンなど。	ヒヨドリ，モズ，シジュウカラなどの身近な鳥。	シギ・チドリ類。	ライチョウ，イワヒバリなど高山の鳥。	ミソサザイ，コマドリ，オオルリなど。	サンコウチョウやホオジロなど。
環境		海，海岸，港など	川の流れる地域	湖沼や池	アシ原や草地	公園など	田んぼ，畑，湿地，干潟など	高山，岩場など	山地から亜高山の林	里山，平地から低山の森

2 車でのアクセスに便利なマップコードを表記。マップコード対応のカーナビがあれば，記載された数字を入力するだけで探鳥地近くの駐車場や探鳥のスタート地点までスムーズに到達できます。

4 必要な装備をアイコンで表記してあります。

- 双眼鏡をもっていくと便利
- 望遠鏡をもっていくと便利
- 普通のスニーカーで行っても平気
- 足下のしっかりしたものが必要
- 防寒着が必要
- 公共機関でのアクセスに不便で，車が便利
- 車でアクセスする際，チェーンや冬用タイヤが必要（冬季）

注：地図中の★マークは鳥の見られるポイントを示しています。

7 どんな種類の鳥が見られるのか，その探鳥地で有名な鳥や，撮影に役立つ情報，探鳥地への主なアクセス方法，交通機関，トイレなどの施設，探鳥地周辺の見どころなどの情報を記してあります。

※アクセス情報やマップに関しては最新の情報を基にしていますが，その後の開発などにより環境が変化している可能性もあります。道路マップや時刻表などで事前にご確認のうえ，お出かけください。
※探鳥地や各施設の入場・開場時間，利用料金，休日などの各データは季節などの条件で変動することがあります。事前にご確認ください。
※本文で紹介した鳥は，実際には見られないこともあります。
※各探鳥地では，地元の方々の迷惑にならないようマナーを厳守して，バードウォッチングを楽しんでください。
※「マップコード」および「MAPCODE」は（株）デンソーの登録商標です。

本書の使い方 | 5

column

北海道探鳥の注意点

文・写真●川崎康弘

　北海道を巡る際，特に注意したいのは，「農地に立ち入らない」ことである。近年さまざまな伝染病や病害虫が知られているが，これらが車両や人の不用意な立ち入りによって農地へ持ち込まれる可能性がある。ひとたび伝染病などが発生すると，地域の産業に甚大な被害を与えてしまうおそれがあり，非常にナーバスになっている地域も少なくない。防疫上の観点からも絶対に農地へ立ち入らないようにしよう。

　また，一見，草原か空き地にしか見えない場所でも，牧草地や耕作地の場合があるため，「道路以外の土地にはなるべく立ち入らない」ことを原則として行動するようにしたい。同様に，沿岸域では一見して空き地にしか見えない場所であっても，地域の産業上重要な場所（昆布や漁網の干し場など）の場合もあるので，不用意に車を乗り入れることのないよう，細心の注意を払おう。

　北海道ならではの危険もある。ヒグマの危険性についてはもはや語り尽くされているので詳しくは述べないが，近年は道内各地で人間の生活圏内での目撃例が増加している。道内探鳥に慣

ただの草原に見えるが，ここは農耕地である

このように林道でヒグマとばったり遭遇するかもしれない

れていても決して油断せず，常に「すぐ近くにヒグマがいるかもしれない」という気持ちで行動するようにしよう。

　危険といえば，近年にわかに注目度が上がっているのが「マダニ」である。エゾシカの増加によるものか，マダニの数が非常に増えてきており，特に春から夏にかけての時期に野山の草むらを歩くと，時として50匹以上のマダニが衣類に付着することがある。マダニはさまざまな病原体を保有している場合があり，咬まれることで感染し，最悪の場合は死に至ることもある。道内でもダニ媒介脳炎による40代男性の死亡例が報告されており，十分な注意が必要である。野山を歩く際には真夏の晴天下であっても長靴を履き，上下ともレインウェアを着込むだけでマダニの付着はかなり減らせる。首もとには手ぬぐいを巻き，帽子もしっかりかぶろう。忌避剤にはあまり期待せず，万一咬まれてしまった場合は念のため病院へ行こう。

マダニに咬まれないよう，十分注意しよう

北海道探鳥の注意点 | 7

円山公園・北海道神宮

まるやまこうえん・ほっかいどうじんぐう

札幌市中央区　MAPCODE 9 457 750*71（円山公園第一駐車場） MAPCODE 9 487 172*77（北海道神宮）

| 1 | 2 | 3 | 4 | 5 | 6 | 7 | 8 | 9 | 10 | 11 | 12 |

オシドリ

　札幌の代表的な野鳥観察地として古くから親しまれている場所。原生的な森林環境が保たれた国の天然記念物「円山原始林」をはじめ，この一帯は野生動物や野草の見どころとしても広く知られている。

　大別して「円山」「円山公園」「北海道神宮」の3つのエリアに分けられ，それぞれ少しずつ環境が異なる。円山は標高225mの山で，カツラやミズナラの大木の多い成熟した森林環境だ。鳥を探しながら登っても1時間あれば頂上まで行ける登山道が2ルートあり，そのまま探鳥コースとして利用できる。カラ類やキツツキ類などの留鳥，オオルリやキビタキ，クロツグミといった夏鳥が観察しやすい。冬には人目につく樹洞をフクロウがねぐらに利用することもある。

　円山公園は円山に比べれば樹木はまばらで，公園として整備され下草の茂みも乏しいが，それでも5月ごろにはキビタキやセンダイムシクイなどが普通に見られ，カラ類も多い。6月には園内の池にオシドリの母子が姿を現し，愛らしい雛が注目の的となる。積雪期から春先にはマヒワやイスカを見ることもある。

　北海道の総鎮守と呼ばれる北海道神宮も基本的には森林環境であり，神社らしく針葉樹の大木が多い。冬にはレンジャク類が現れることがあり，ホシガラスが漂行してきたこともある。境内の一角には梅林や桜並木があり，円山公園とともに花見の名所としても知られ，当然，花芽を好むウソが現れることが多い。

〔大橋弘一〕

探鳥環境

カツラの大木

夏の円山公園

円山登山をしながらの探鳥には，大師堂のところから登る「八十八か所コース」を利用するのがよい。登山道に何か所かバードテーブルが設置されていて，冬も小鳥が絶えない。円山公園は駐車場が遠いため地下鉄の利用が便利。北海道神宮と円山公園の両方を利用するなら北海道神宮の駐車場が使える。

鳥情報

🔍 季節の鳥／
(春・秋) ウソ，ルリビタキ，ビンズイ，マミチャジナイ，ムギマキ，ミヤマホオジロ，カシラダカ，キクイタダキ，イスカ，コガモ
(夏) キビタキ，アオジ，センダイムシクイ，ヤブサメ，イカル，アカハラ，ウグイス，クロツグミ，コムクドリ，カワラヒワ，オシドリ，カワセミ，キセキレイ
(通年) ハシブトガラ，シジュウカラ，ヒガラ，エナガ，ゴジュウカラ，ヤマガラ，アカゲラ，コゲラ，ヤマゲラ，クマゲラ，フクロウ，ハクセキレイ，マガモ，カワガラス

🔍 撮影ガイド／
300〜400mmの望遠ズームレンズが最適だが，冬のフクロウのねぐらなど，地形的に近づけない場合に備えて600mmの超望遠レンズもあればなおよい。夏のオシドリ母子は標準ズームレンズなど短いレンズで手持ち撮影するのに向いている。

🔍 問い合わせ先／
円山公園管理事務所
Tel：011-621-0453
http://maruyamapark.jp

藻岩山から見た円山

探鳥地情報

【アクセス】
- 車：札幌市街中心部から西方へ約3kmで円山公園入口。駐車場は，南1条通りの延長(円山球場と円山の間)にある
- 鉄道・バス：札幌市営地下鉄東西線「円山公園駅」直結徒歩約5分で円山公園入口

【施設・設備】
- 駐車場：あり(円山公園駐車場：普通車1回700円) 利用時間：9：00〜17：30(冬季は16：30まで)
※北海道神宮駐車場も利用可能(参拝時1時間無料・以降は1時間500円)
- 入場料：無料
- トイレ：あり
- バリアフリー設備：あり(段差なし園路)
- 食事処：周辺にレストラン，カフェなど多数あり・近隣にコンビニ，スーパーあり

【After Birdwatching】
- 札幌市円山動物園：旭川の旭山動物園とともに北海道の動物園の代表的存在。200種近い動物が展示され，またホッキョクグマの繁殖に成功するなどの実績がある。2016年には園内の樹木に野生のクマゲラが営巣し，話題になった。
https://www.city.sapporo.jp/zoo/

もいわやま・あさひやまきねんこうえん
藻岩山・旭山記念公園

札幌市中央区　MAPCODE 9 428 271*84

1	2	3	4	5	6	7	8	9	10	11	12
■	■	■	■	■	■	■	■	■			■

ルリビタキ

　藻岩山は札幌のシンボル的な山で、大正10年、植物種の豊かさを理由に、円山とともに北海道で最初に国の天然記念物に指定された自然の地である。それ以来、指定範囲である北東側斜面は保護対象となり、鳥類の生息地としても豊かな環境が維持されてきた。人口190万の大都市の市街地に隣接しながら、登山道のかたわらでクマゲラが子育てし、ロープウェイから見下ろす大木にフクロウのねぐらがあるゆえんである。

　この藻岩山の探鳥では北麓の旭山記念公園を特におすすめしたい。藻岩山の山体と比べれば起伏はゆるく、バリアフリーの遊歩道もあって誰でも安全に探鳥が楽しめる。藻岩山登山道の入口でもあるので、脚と体力に自信のある人はそのまま藻岩山の登山探鳥に向かってもよい。

　5月の新緑の時期が最も楽しめる時期で、キビタキやクロツグミ、センダイムシクイなどの夏鳥が観察しやすい。ムギマキも毎年5月中～下旬に観察されている。藻岩山登山道へ進めばコルリ、ウグイス、ヤブサメ、ツツドリなどが見られるだろう。クマゲラのドラミングも高い頻度で聞くことができる。

　旭山記念公園でこれまでに記録された鳥種は100を超えており、森林性の鳥が多いのは当然だが、ノビタキやノゴマといった草原性の鳥も渡りの時期に記録されることが特徴だ。北海道では珍しいサンショウクイや、高山性のカヤクグリも記録されている。

〔大橋弘一〕

探鳥環境

旭山記念公園から藻岩山の登山道へ向かう道

旭山記念公園は遊歩道が何本もあるので、気ままに歩き回って探鳥できる。駐車場は藻岩山登山道入口が最も広く、第1、第2駐車場合わせて119台。藻岩山登山をする場合は慈啓会病院登山口にも小規模な駐車場がある。

鳥情報

🌱 季節の鳥／
(春・秋) ルリビタキ，マミチャジナイ，ムギマキ，ジョウビタキ，シロハラ，オジロビタキ，シロハラ，エゾムシクイ，オオムシクイ，ビンズイ，クロジ，マミジロ，トラツグミ
(夏) キビタキ，オオルリ，アオジ，センダイムシクイ，コサメビタキ，サメビタキ，コルリ，ヤブサメ，クロツグミ，アカハラ，ウグイス，コムクドリ，モズ，イワツバメ，イカル，メジロ，ホオジロ，アマツバメ，アオバト，ツツドリ，ジュウイチ
(通年) ハシブトガラ，シジュウカラ，ヒガラ，ゴジュウカラ，エナガ，ゴジュウカラ，ヤマガラ，アカゲラ，オオアカゲラ，コゲラ，ヤマゲラ，クマゲラ，フクロウ，ハクセキレイ，カワラヒワ，ヒヨドリ，シメ，オオタカ，ハイタカ

📷 撮影ガイド／
旭山記念公園では600mmの超望遠レンズがあればベスト。400～500mmのズームレンズも対応可能。藻岩山登山道では取り回ししやすい手持ち撮影のほうがいいだろう。

☎ 問い合わせ先／
旭山記念公園森の家
Tel：011-200-0311
http://www.sapporo-park.or.jp/asahiyama/

探鳥地情報

【アクセス】
- 車：札幌市街中心部から国道230号・南9条通り利用で約6km
- 鉄道：札幌市営地下鉄東西線「円山公園駅」からジェイ・アール北海道バス旭山公園線で「旭山公園前」下車

【施設・設備】
- 駐車場：あり(6:00～22:00、第2駐車場は冬季閉鎖)
- 入場料：無料
- トイレ：あり
- バリアフリー設備：あり(身障者用駐車場・貸出用車椅子(夏季)・段差なし園路・バリアフリートイレ)
- 食事処：近隣(車で5分圏内)に飲食店多数あり。コンビニ、スーパーあり

【After Birdwatching】
● 周辺に特に観光施設はない。

藻岩山遠景

西岡公園
にしおかこうえん

札幌市豊平区　MAPCODE 9 256 270*22

アオジ

　札幌市郊外に位置する西岡水源池を中心とした約40haの自然公園である。明治時代に水道供給用の水源として月寒川をせき止めて作られた池だが、既に水源としての役割を終えて久しく、自然の沼と化している。周囲は良質な針広混交林で、池の上流部は湿原になっており、大都市札幌の市内とは思えない原生的な景観に驚かされる。森林性の鳥と水辺の鳥の両方が見られる優れた探鳥地であり、これまで140種以上の鳥が記録されている。

　年間を通して野鳥の姿が楽しめ、中でも5月の新緑の時期はオオルリやクロツグミ、キビタキ、アカハラなど、姿も声も美しい夏鳥たちの歌声に満ち、森が最も華やぐ。ルリビタキやマミジロなどは渡り途中の姿を見せてくれる。湿地の木道にはクイナが現れることもあり、早朝にはエゾライチョウとの出会いも期待できる。8月には多数のハリオアマツバメが池の水面をかすめ飛び、キアシシギなどのシギ類も姿を現す。秋はエゾビタキやムギマキなど旅鳥の姿が見られ、ヤマゲラやオオアカゲラが木の実をついばむころになると、ヤマセミが水源池に現れることも多くなる。冬は森で樹洞にねぐらを取るフクロウが見られ、湿地にはアオシギがひっそりとたたずむ。クマゲラも積雪期のほうが観察しやすい。

　なお、西岡公園へのアプローチとなる水源地通りにはナナカマド街路樹があり、冬にはその実を求めてレンジャク類やギンザンマシコなどが現れる。

〔大橋弘一〕

探鳥環境

西岡水源池

公園入口となる駐車場へは「水源地通り」から南東へ約800m。駐車場や公園管理事務所の周辺は一部が庭園のように整備されているが、それでも月寒川に沿ってヤマセミがしばしば姿を現す。池から奥は自然の植生が生かされた森で、湿地帯には木道が設置されている。ホタルやトンボなどの名所でもある。

鳥情報

季節の鳥

(春・秋) ルリビタキ，マミチャジナイ，ムギマキ，マミジロ，キビタキ，エゾビタキ，キクイタダキ，コマドリ，マガモ
(夏) カワセミ，アオジ，キビタキ，オオルリ，クロツグミ，センダイムシクイ，コサメビタキ，コルリ，ウグイス，アカハラ，ツツドリ，クロジ，イカル，キジバト，キセキレイ，ハリオアマツバメ，キアシシギ
(冬) アトリ，マヒワ，ミヤマホオジロ，アオシギ
(通年) ハシブトガラ，コガラ，シジュウカラ，ヒガラ，シマエナガ，ゴジュウカラ，ヤマガラ，アカゲラ，ヤマゲラ，ハクセキレイ，マガモ

撮影ガイド

あれば600mm程度の超望遠レンズを使いたい。池の周囲は見通しがきくので，デジスコなどを使うのもよいだろう。状況によっては400～500mmのズームレンズでも対応可能だ。かつて冬季に設置されていたバードテーブルが今はなく、至近距離からの観察の可能性は低くなったため，冬も長いレンズが欲しい。

問い合わせ先

西岡公園管理事務所　Tel：011-582-0050
http://www.sapporo-park.or.jp/nishioka/

メモ・注意点

● 湿地の木道は場所によっては幅が狭いので，三脚使用の際にはほかの通行人への配慮が必要。池や湿地にすむ淡水魚や周囲の昆虫などを目的とする来園者も多く，

探鳥地情報

【アクセス】
■ 車：札幌市街中心部から国道453号・水源池通り利用で約11km
■ 鉄道・バス：札幌市営地下鉄南北線「澄川駅」から北海道中央バス西岡環状線で「西岡水源池」下車，徒歩1分

【施設・設備】
■ 駐車場：あり
■ 入場料：無料
■ トイレ：あり
■ バリアフリー設備：管理事務所にあり（バリアフリートイレ）
■ 食事処：近隣（車で5分圏内）に飲食店・コンビニ等あり

【After Birdwatching】
● 周辺に特に観光施設はない。

またリスなどの哺乳類や野草，キノコなどの撮影に来る人もいるので，お互い気持ちよく公園を利用したい。

冬の西岡公園

西岡公園 | 13

豊平公園

とよひらこうえん

札幌市豊平区　MAPCODE 9 435 708*77

1 2 3 4 5 6 7 8 9 10 11 12

コムクドリ

　札幌市の中心・大通駅から地下鉄でわずか6分。豊平公園駅で降りてすぐという便利さ。マンションが立ち並ぶ住宅街に囲まれた小さな緑地が豊平公園である。周囲わずか200m四方ほど，このささやかな都市公園が魅力的な探鳥地だとは最初は信じられないだろう。自然の森という雰囲気には乏しく，花壇や植栽された木々と，人工的に造られた池のある庭園といった風情である。敷地の一画にはブランコなど子供用の遊具さえあり，周辺住民の憩いの場となっている。

　ところが，ここではアカゲラやアオジ，ヒガラ，コムクドリ，マガモなどが繁殖し，ルリビタキやコマドリなどが渡りの時期に立ち寄る，重要な野鳥生息地の側面をもつ。これまでに記録されている鳥は100種以上。その中にはマミジロ，オジロビタキ，ナキイスカ，ギンザンマシコといった"垂涎の的"の鳥も含まれている。思い立ったら気軽に立ち寄れて，しかも充実度の高い探鳥地なのだ。

　実はこの土地はかつて林業試験場だった場所であり，そのため広葉樹主体の自然林に近い雰囲気の場所もあれば，針葉樹の見本園もある。また市街地には珍しい高木もあれば，公園整備によってできた開けた空間もあり，水域や小川もある。狭いながらも多様な環境がそろっているため，市街地の中で鳥たちが安心して翼を休められるオアシスのような存在になっているのだろう。特に渡りの時期にはどんな鳥が出現するかわからないおもしろさがある。

〔大橋弘一〕

探鳥環境

公園内の池は庭園風

地下鉄東豊線「豊平公園駅」の2番，3番出口が便利。園内南西部や北部の樹木で鳥は多いが，中央部の芝生広場や花木園などでも意外と珍しい鳥が見つかることがある。北東部にある針葉樹見本園も丹念に見てみよう。広い場所ではないので，渡りの時期など園内をくまなく歩くのがおすすめ。駐車場は公園管理事務所「緑のセンター」で駐車券に検印を受けると無料で4時間まで駐車できる。

鳥情報

季節の鳥／
(春・秋)ルリビタキ，コマドリ，マミチャジナイ，ムギマキ，トラツグミ，マミジロ，ミヤマホオジロ，アリスイ，ジョウビタキ，オジロビタキ，イスカ，ナキイスカ，キクイタダキ，メボソムシクイ，カシラダカ，オオヨシキリ，オオジュリン，ノビタキ，コガモ，ヒドリガモ
(夏)キビタキ，アオジ，クロツグミ，コムクドリ，カワラヒワ
(通年)ハシブトガラ，シジュウカラ，ヒガラ，エナガ，ゴジュウカラ，ヤマガラ，アカゲラ，ヤマゲラ，ハクセキレイ，マガモ

撮影ガイド／
300～500mmの望遠ズームレンズが最適。身軽な機材で歩き回り，手持ち撮影するのがよいだろう。600mm以上のレンズももちろん使えるが，逆に池の周囲などでは時には標準レンズなど短いレンズのほうがよい状況になることもある。

問い合わせ先／
管理事務所「緑のセンター」
Tel：011-811-6568（8：45～17：15）
休館日：毎週月曜日（祝日の場合は翌日），年末年始（12/29～1/3）
https://www.sapporo-park.or.jp/toyohira/

探鳥地情報

【アクセス】
- 車：札幌市街中心部から国道36号で約4km。駐車場は，「緑のセンター」で駐車券に検印を受けることで無料になる。ただし営業時間は7時から21時までで，7時以前には入れない
- 鉄道・バス：札幌市営地下鉄東豊線「豊平公園駅」直結

【施設・設備】
- 駐車場：あり（無料）
- 駐輪場：あり
- 入場料：無料
- トイレ：あり
- バリアフリー設備：あり（段差なし園路，身障者用駐車場，身障者用トイレ，車椅子貸し出し）
- 食事処：周辺にレストラン，カフェなどあり・近隣にコンビニあり

【After Birdwatching】
- きたえーる：（北海道立総合体育センター）
  一般使用可能なトレーニング室やレストランなども備えた総合体育館。

真駒内公園・真駒内川

まこまないこうえん・まこまないがわ

札幌市南区　MAPLODE 9 281 409*60

1	2	3	4	5	6	7	8	9	10	11	12

キレンジャク

　1972年の札幌冬季オリンピックのメイン会場だった場所で、北海道立公園として一般開放されている面積46haもの広大な緑地。公園のメイン区画にはアイススケート場や屋外競技場があり、その周囲はウォーキングや、冬季は歩くスキーのコースとして広く市民に利用されている。競技場の周辺は適度に植栽された疎林となっており、また公園南西部は自然林で大規模なカタクリ群落も見られ、自然散策が楽しめる場として人気が高い。

　探鳥地としては"レンジャク類の名所"であり、特に積雪期に楽しみが多い。公園中心部、競技場の周辺に張り巡らされた遊歩道の周囲にはナナカマドやシラカバ、カラマツなどの樹木があり、特に鳥の多い場所だ。ヒレンジャク、キレンジャクやアトリ、ウソ、シメ、ツグミなどがナナカマドの実をついばみにくる常連で、トラツグミが居つく年もある。シラカバやカラマツにはマヒワやベニヒワが大挙してやってくるし、カラマツにはイスカやナキイスカまで来た年もあった。

　公園内を流れる真駒内川にはヤマセミやカワガラスが現れ、南西の丘陵部にある大木にはフクロウが冬のねぐらを取ることもある。

　初夏、5月ごろにはキビタキやコサメビタキ、キセキレイ、オオルリ、モズなどの夏鳥が見られるようになる。また、そのころに周辺の樹洞ではオシドリが抱卵中で、6月上旬ごろの巣立ち直後には雛と母鳥が公園内に現れる。

〔大橋弘一〕

探鳥環境

冬季の野鳥観察のメインとなる場所は五輪通の南側、スタジアム（屋外競技場）の周辺だ。中央橋・緑橋の東側の一帯やスタジアムの南西のナナカマド林に鳥が集まる。緑橋付近から南側のカラマツ林にも小鳥が多い。そのまま真駒内川に沿うサイクリングロードを南下するルートがヤマセミやカワガラスのポイントで、ヤマセミは対岸に現れる。

鳥情報

🐦 季節の鳥／
（春〜秋）オシドリ、キビタキ、コサメビタキ、センダイムシクイ、キセキレイ、オオルリ、モズ、カワラヒワ、カワセミ、オオジシギ
（冬）ヒレンジャク、キレンジャク、ウソ、アトリ、シメ、トラツグミ、ツグミ（亜種ハチジョウツグミを含む）、イスカ、ナキイスカ、ベニヒワ、マヒワ、キクイタダキ
（通年）ハシブトガラ、シジュウカラ、ヒガラ、ヤマガラ、ゴジュウカラ、エナガ、アカゲラ、コゲラ、ハクセキレイ、ヤマセミ、カワガラス

🐦 撮影ガイド／
園路は幅の狭い部分があるため、三脚の使用などはほかの来園者の迷惑にならないように注意すること。撮影は400〜500mmの望遠ズームレンズで手持ちでも楽しめるが、できれば600mm以上の超望遠レンズを使いたい。特にヤマセミは近づけない場合が多いので長玉が有利。

🐦 問い合わせ先／
北海道体育文化協会
Tel: 011-581-1961
http://www.makomanai.com/koen/

❗ メモ・注意点／
● 冬季、園内はウォーキング用の園路と歩くスキー用のコースが整備される。探鳥にはウォーキング用園路を使い、スキーコースには入らないようにしたい。

探鳥地情報

【アクセス】
■ 車：札幌市街中心部から国道230号・453号で約8.5km
■ 鉄道・バス：札幌市営地下鉄南北線「真駒内駅」から徒歩15分。バスは札幌市営地下鉄東西線「西11丁目駅」からじょうてつバス「南町4丁目」行き・「真駒内駅」行きで「上町1丁目」下車、徒歩10分

【施設・設備】
■ 駐車場：あり（6：30〜19：00、無料だが4月29日〜11月3日の土日祝日は有料＝乗用車320円）
■ 入場料：無料
■ トイレ：あり
■ バリアフリー設備：あり（段差解消スロープ、身障者用トイレ、身障者用駐車場）
■ 食事処：周辺にレストラン、ファストフード店などあり。近隣にスーパー、コンビニあり

【After Birdwatching】
● 豊平川さけ科学館：豊平川に遡上するサケをテーマにした博物館。真駒内公園内の施設。

たきののもり
滝野の森

札幌市南区　MAPCODE® 708 569 591*33（滝野の森口駐車場）

| 1 | 2 | 3 | 4 | 5 | 6 | 7 | 8 | 9 | 10 | 11 | 12 |

マミジロ

　札幌市の中心部から約20km南の丘陵地に位置する「滝野すずらん丘陵公園」は北海道で唯一の国営公園である。総面積は約400haという広大な公園で、中心ゾーン・渓流ゾーン・滝野の森ゾーンで構成される。このうち滝野の森ゾーンのことを通常、「滝野の森」と呼ぶ。滝野の森は東エリアと西エリアに分かれ、それぞれ2009年と2010年にオープンした。探鳥地として利用されるようになってからまだ数年という新しいフィールドである。ここは滝野すずらん丘陵公園の中で最も自然度の高いエリアであり、自然林を生かした必要最小限の整備によって北海道らしい針広混交林の自然が存分に楽しめる場所となっている。

　森林環境だけにウォッチングは新緑の時期が最も楽しめる。4月末ごろには残雪の林床にルリビタキが多数現れ、約1週間程度は林内のそこかしこで出会う。コマドリを見かけるのもそのころで、どちらももう少し標高の高い場所まで渡って繁殖するが、渡りの一時期をここで過ごしていく。少し遅れてオオルリ、キビタキ、コサメビタキ、クロツグミ、アカハラといった夏鳥たちのさえずりが森に満ちあふれ、コルリやアオジ、センダイムシクイ、ツツドリなども多い。園内の清流「野牛沢川」ではミソサザイやキセキレイが声高らかにさえずり、マミジロは5月中旬に現れる。7月ごろには巣立ったばかりの幼鳥の姿を見るようになり、秋にはムギマキも現れる。冬はフクロウやクマゲラも見られることがある。

〔大橋弘一〕

探鳥環境

探鳥地のメインとなる西エリアは，滝野の森口駐車場から入り，「森の情報館」を中心に「みずなら広場」から「はるにれ広場」まで約1.5kmの遊歩道を利用する。森の中を流れる野牛沢川沿いの道のほか，いくつかの枝道もあり，里山的な環境も含まれる。拠点ごとにきれいなトイレもあり安心して森歩きが楽しめる。「森の交流館」を拠点とする東エリアもある。

鳥情報

🐦 季節の鳥／
(春・秋) ルリビタキ，コマドリ，クロジ，マミジロ，マミチャジナイ，ムギマキ，エゾムシクイ
(冬) ヒレンジャク，キレンジャク，ウソ，アトリ，ツグミ，マヒワ，フクロウ
(夏) オオルリ，キビタキ，コサメビタキ，アオジ，クロツグミ，アカハラ，コルリ，ウグイス，センダイムシクイ，ツツドリ，ヤブサメ，キセキレイ
(通年) クマゲラ，アカゲラ，コゲラ，オオアカゲラ，ハシブトガラ，シジュウカラ，ヒガラ，ヤマガラ，ゴジュウカラ，エナガ，キバシリ，カワガラス，ミソサザイ

🐦 撮影ガイド／
400～500mmのズームレンズで手持ち撮影も可能だが，本格的に撮るなら600mm以上の超望遠レンズで。

🐦 問い合わせ先／
滝野公園案内所
Tel: 011-592-3333
http://www.takinopark.com/takinonomori

⚠ メモ・注意点／
● 山野草や昆虫，両生類など幅広く自然観察に利用されている場所なので，遊歩道の道幅の狭い部分では三脚を広げたままにしないなど，ほかの利用者に配慮を。

探鳥地情報

【アクセス】
■ 車：札幌市街中心部から国道230号・453号などで約24km
■ 鉄道・バス：札幌市営地下鉄南北線「真駒内駅」から北海道中央バス滝野線「すずらん公園東口」行き終点下車後，滝野の森ゾーンへは徒歩30分

【施設・設備】
■ 駐車場：あり（有料＝普通車410円）
利用時間：9：00～17：00（5月），9：00～18：00（6月）※時期によって変動あり
■ 入場料：15歳以上450円，65歳以上210円，15歳以下無料
※渓流ゾーンは通年無料
■ トイレ：あり
■ バリアフリー設備：あり（トイレはいずれも車椅子対応可能，散策路は部分的に車椅子の利用が可能な場所がある。東エリアはエレベーターのある「森見の塔」あり）
■ 食事処：公園内・中心ゾーンにレストランや軽食コーナーなどがある。コンビニなどは近隣にはない

【After Birdwatching】
● 中心ゾーン：大規模な花壇「花のまきば」などがある「カントリーガーデン」，ユニークな遊具施設がいくつもある「こどもの谷」や「森のすみか」等々，家族連れで楽しめる場所。滝野すずらん丘陵公園の中心部。

やまのてどおり
山の手通り

札幌市西区　MAPCODE 9 572 564*67

ギンザンマシコ

　下の写真を見て，「ただの市街地ではないか」といぶかしく思うかもしれない。確かに，ここは片側2車線のれっきとした生活道路であり，ふだんは人も車もひっきりなしに通る。しかし，街路樹にナナカマドがびっしりと植えられていることによって，冬の一時期，ここが実に楽しめる探鳥地へと変貌するのだ。北海道ではナナカマドが街路樹に使われている例が多く，このような道路は道内の各都市で普通にある。札幌でもここ以外に豊平区の水源池通りなどあちこちで見られ，その代表として山の手通りを取り上げるにすぎない。

　ナナカマドは秋に赤い実を付け，冬に葉が落ちてもその実だけが木に残る。積雪地のモノトーンの冬景色に彩りを添えてくれる存在としてなじみ深い。さらに，このナナカマドの実にレンジャク類やアトリ科の小鳥，ツグミ類などが次々にやってきて実をついばんでいく。赤い実が美しい小鳥を誘い，雪国の厳寒の情景が一時期，美しく華やぐのだ。

　年によって多く現れる鳥種は異なるが，アトリ科ではアトリ，シメ，ウソ（亜種アカウソやベニバラウソが混じることもある）など。そして，時にギンザンマシコも来る。ありふれた存在のヒヨドリやムクドリも，降りしきる雪の中で赤い実を無心に食べる光景は美しい。北国の冬の喜びの1つだ。レンジャク類が大群でやってくると，わずか10日か2週間ほどでナナカマドは食べ尽くされてしまう。

〔大橋弘一〕

山の手通りは，中央区の西28丁目付近から西区山の手を経て西区西野まで約5kmの区間で道の両側にナナカマドが植栽されており，この間のどこでも鳥が来る可能性がある。山の手通りの西端，南北に走る西野屯田通りなどにもナナカマド街路樹があるので，探鳥の際には併せて周囲の道路も見て回るとよい。

鳥情報

季節の鳥／
(冬) ヒレンジャク，キレンジャク，ウソ，アトリ，シメ，ツグミ，ヒヨドリ，ムクドリ，ギンザンマシコ，イカル

撮影ガイド／
基本的には車をゆっくり走らせ，鳥を見つけたら車を左に寄せて停め，窓からレンズを出しての撮影となる。そのため機材は400〜500mmのズームレンズが適している。

メモ・注意点／
- 道路という特異な探鳥地であり，交通量も多いので，くれぐれも周囲の車や通行人に注意し，安全第一で行動すること。

探鳥地情報

【アクセス】
- 車：札幌市街中心部から北1条宮の沢通りで約6km
- 鉄道・バス：札幌市営地下鉄東西線「発寒南駅」から徒歩約5分

【施設・設備】
- 食事処：周辺にレストランやラーメン店など多数ある。コンビニやスーパーも近隣に多数ある

【After Birdwatching】
- 周辺に特に観光施設はない。

ナナカマドを求めて飛び回るキレンジャクの群れ

山の手通りを西端から見る

しのろごのへのもりりょくち・しのろだんちかはんりょくち
篠路五ノ戸の森緑地・篠路団地河畔緑地

札幌市北区　MAPCODE 9 795 761*66

| 1 | 2 | 3 | 4 | 5 | 6 | 7 | 8 | 9 | 10 | 11 | 12 |

コムクドリ

　札幌郊外の住宅街の一角にある緑地公園で、200m四方ほどのコンパクトな森である。開拓期に青森県五戸からの入植者が開拓した場所と伝えられており、当時、北海道在来の木々は切り倒され、本州の草木を多く植えた屋敷林となっていたようだ。そのため、公園となった今もケヤキやアカマツ、メタセコイアなど北海道に自生しない樹種やスモモ、ナシ、フジといった園芸果樹が目につく。現在のような公園の形となったのは1997年。札幌市が買い取って森の中に適度に遊歩道や木道を設けて公園化したものである。

　ここには札幌市内としては珍しいアオサギのコロニーがあり、しかも観察しやすい場所として親しまれている。アオサギはここがちょうど公園となったころからコロニーを形成したようだ。規模は20巣ほどで大きくはないが、繁殖状況は安定している。住宅街という環境がかえって外敵を遠ざけ、安心して子育てができる場になっているのかもしれない。なお、アオサギは北海道では夏鳥で、3月下旬に渡来する。

　アオサギのほかにも、初夏にはルリビタキやオオルリ、シロハラなどが翼を休め、冬にはレンジャク類やアトリなどがこの森に現れる。カラ類やキツツキ類などの留鳥も豊富だ。

　また、この緑地の東側に隣接する篠路団地河畔緑地の河畔ではノビタキ、オオヨシキリなど草原性の小鳥が繁殖し、川にはカモ類も見られるので、一緒に楽しむことができる。

〔大橋弘一〕

探鳥環境

あずまや

アオサギのコロニーは公園のほぼ全域に及ぶ。アカマツなどの高木に巣を懸けており，雛が大きくなったころには親鳥が給餌する様子などが見られるが，どうしても見上げる角度となり，中心部の広場からなど遠さからないとよく見えない。篠路団地河畔緑地は遊歩道を歩きながら河畔の草原や川の流れに注目するのがよい。

鳥情報

🔶 季節の鳥／
(春・秋)オオルリ，ルリビタキ，クロツグミ，シロハラ，アカハラ，イソシギ，コガモ，カイツブリ，カワアイサ，ヒドリガモ
(夏)アオサギ，アオジ，コムクドリ，ムクドリ，モズ，ノビタキ，オオヨシキリ，コヨシキリ，オオジュリン，エゾセンニュウ，ウグイス，カワラヒワ，ホオアカ
(冬)ヒレンジャク，キレンジャク，アトリ，シメ，ツグミ，カケス
(通年)アカゲラ，コゲラ，シジュウカラ，ヤマガラ，ゴジュウカラ，ヒガラ，ハシブトガラ，ハクセキレイ，カワウ，マガモ

🔶 撮影ガイド／
　森の中の遊歩道は道幅が狭く，散策する人のことを考えるとほとんど三脚が使用できないので，300～500mmの望遠ズームレンズで手持ち撮影するのがよい。篠路団地河畔緑地は見通しがきくため草原の鳥や水鳥を撮る際には600mm以上の超望遠レンズかデジスコなど高倍率の機材があるとよい。

🔶 問い合わせ先／
札幌市北区土木部維持管理課
Tel: 011-771-4211

❗メモ・注意点／
● 一般の公園利用者がアオサギを温かく見守っているため，アオサギの警戒心は薄い場所だが，繁殖の場であることには違いないので，長時間の観察・撮影は避けたい。

探鳥地情報

【アクセス】
■ 車：札幌市街中心部から道道273号などで約13km
■ 鉄道・バス：JR札沼線(学園都市線)「篠路駅」下車，徒歩15分

【施設・設備】
■ 駐車場：あり(無料，24時間利用可)
■ 入場料：無料
■ トイレ：あり
■ 食事処：周辺にレストラン，回転寿司店などあり・近隣にスーパーあり・コンビニは篠路駅周辺にあり

【After Birdwatching】
● 周辺に特に観光施設はない。

伏篭川と川畔の草地

東屯田川遊水地
ひがしとんでんがわゆうすいち

札幌市北区　MAPCODE® 9 820 459*17

| 1 | 2 | 3 | 4 | 5 | 6 | 7 | 8 | 9 | 10 | 11 | 12 |

シマアジ

　札幌市の中心部から北に約10kmの地点，東屯田川と発寒川（はっさむがわ）の合流点に設けられた遊水地だ。自然の地形を生かした2つの淡水池がある。周辺は住宅街が近いが，まだ草原環境が十分に残っており，池を取り囲むささやかな樹林とともに鳥たちの優れた生息環境となっている。

　2つの池（第一遊水地・第二遊水地）には，ともに春・秋のカモ類のシーズンを中心にさまざまな水鳥が訪れるが，最も魅力的なのが4月下旬〜5月上旬ごろ。ヒドリガモやコガモ，ハシビロガモ，オオバンなどに混じってヨシガモの姿がまず確実に見られる。さらにシマアジが10羽ほどいるときがあり，オカヨシガモなども含め，多種多様なカモ類を楽しめる。また4月ごろ，氷が解けて開水面が出てくるとミサゴが現れ，この池で狩りの場面を見せてくれる。夏場のカワセミも含め，これらの池の鳥たちの観察には第一遊水地に設けられた野鳥観察デッキが最適だ。

　池を取り囲む樹林では5月ともなればアオジやコムクドリ，アカハラなどの夏鳥が見られ，周辺の草原環境には5月下旬ごろからノビタキやオオジュリン，ホオアカ，コヨシキリ，モズ，コウライキジなどが繁殖する。オオジシギは派手なディスプレイフライトをくり返し，カッコウが托卵の機会をうかがう。

　一方，結氷期には少し離れた創成川がおすすめ。流水のため凍らない川面でミコアイサやカワアイサなどが見られるだろう。〔大橋弘一〕

  探鳥環境

「東屯田川遊水地パークゴルフ場」が目印。駐車場やトイレはこのパークゴルフ場にある。野鳥観察用の設備として、第一遊水地（東遊水地）には野鳥観察デッキ、第二遊水地（西遊水地）には木道（ボードウォーク）がある。

鳥情報

季節の鳥 ／
(春・秋) シマアジ、ヨシガモ、オカヨシガモ、コガモ、ヒドリガモ、ハシビロガモ、マガモ、キンクロハジロ、オオバン、ミサゴ
(夏) カイツブリ、バン、クイナ、カワセミ、アオサギ、オオジシギ、ノゴマ、ノビタキ、オオジュリン、ホオアカ、コヨシキリ、モズ、コウライキジ、カッコウ、キジバト、アオジ、アカハラ、コムクドリ、アリスイ
(冬＝創成川) カワアイサ、ミコアイサ、ウミアイサ、ホオジロガモ、オジロワシ、オオワシ
(通年) トビ、ハクセキレイ、ムクドリ

撮影ガイド ／
池での撮影、初夏の周囲の草原での撮影とも、鳥までの距離は遠いので600mm以上の超望遠レンズを使いたい。デジスコも有効だろう。一方、冬季の創成川では400〜500mmのズームレンズが適している。

問い合わせ先 ／
札幌市北区土木部維持管理課
Tel: 011-771-4211

⚠ メモ・注意点 ／
● 第一遊水地の野鳥観察デッキは一時破損していたが、復旧した。

探鳥地情報

【アクセス】
■ 車：札幌市街中心部から国道231号などで約12km

【施設・設備】
■ 駐車場：あり（無料、24時間利用可）
■ 入場料：無料
■ トイレ：あり
■ 食事処：周辺にレストランなどはないが、コンビニはある。篠路駅周辺にはレストラン、ファストフード店などある

【After Birdwatching】
● 周辺に特に観光施設はない。

第一遊水池にある野鳥観察デッキ

東屯田川遊水地

野幌森林公園

のっぽろしんりんこうえん

札幌市厚別区・江別市・北広島市　MAPLODE 139 181 646*88（大沢口）

ゴジュウカラ

　札幌市，江別市，北広島市の3市にまたがる北海道立の自然公園であり，2,000ha以上もの大森林である。これほどの大規模な森が大都市近郊にあるのは全国でも珍しい。

　明治時代には御料林だった森で，その後，林業試験場の試験林となり，国の特別天然記念物指定，その指定解除などの変遷を経て，現在は公園内の約8割が国有林となっている。北海道らしい針広混交の自然林や針葉樹の人工林，林縁や湿地，池沼，草原状の場所など多様な環境を備えた優れた探鳥地として知られ，北海道のバードウォッチングフィールドの"老舗"のような存在である。

　公園内の遊歩道は総延長30kmにも及び，実際に歩いてみると全体像が把握できないほどのスケール感がある。そのため，ポイントを絞ってウォッチングするのがよい。大沢口を拠点にして「桂コース」や「大沢コース」を歩くルートや，瑞穂口を拠点にして瑞穂池園地まで往復するルート，あるいは登満別口から「カラマツコース」で「原の池」を巡るコースなどが考えられる。どの入口を利用するかによってアプローチも大きく異なってくるので計画的に行動するのがよいだろう。

　どのコースも新緑の季節がベストシーズンで，キビタキ，イカル，オオルリなど声も姿も美しい鳥たちとの出会いは多い。また，春秋の渡りの時期には思いがけない鳥が出現したり，厳寒期にはアトリ科の美しい小鳥などが見られ，季節ごとに楽しめる。〔大橋弘一〕

「自然ふれあい交流館」のある大沢口は江別市の大麻地区から、瑞穂口は南郷通りの終点・厚別区のもみじ台地区から、登満別口は公園東側に当たる江別市立野幌小学校周辺からのアプローチとなる。

鳥情報

🐦 季節の鳥／
(春・秋) コマドリ、ルリビタキ、キクイタダキ、トラツグミ、キンクロハジロ、コガモ
(夏) クロツグミ、アオジ、ヤブサメ、キジバト、アオバト、ウグイス、ニュウナイスズメ、センダイムシクイ、キビタキ、オオルリ、イカル、メジロ、モズ、カイツブリ、オシドリ、カワセミ
(冬) レンジャク類、アトリ、マヒワ、ウソ、ツグミ
(通年) フクロウ、ゴジュウカラ、シジュウカラ、ヤマガラ、ハシブトガラ、ヒガラ、エナガ、アカゲラ、コゲラ、クマゲラ、ヤマゲラ、オオアカゲラ、キバシリ、ヒヨドリ、トビ、ムクドリ、ハクセキレイ、ノスリ、カケス、シメ

🐦 撮影ガイド／
状況にもよるが、鳥までの距離が遠い場合が多く、できるだけ600mm以上の超望遠レンズを使いたい。デジスコも有効だろう。三脚を使わず手持ちで撮りたい人も最長クラスのズームレンズを使いたい。

🐦 問い合わせ先／
自然ふれあい交流館（ビジターセンター）
Tel: 011-386-5832
http://www.kaitaku.or.jp/nfpvc.htm

⚠ メモ・注意点／
● フクロウの撮影などでカメラを構える場所を巡ってトラブルがあったと聞く。鳥への配慮はもちろん、ほかの観察者や撮影者、鳥以外の目的の公園利用者など

探鳥地情報

【アクセス】
■ 車：札幌市街中心部から国道12号で約18kmで大沢口
■ 鉄道：JR函館線「森林公園駅」から徒歩約30分で大沢口。またはJR函館線「新札幌駅」／札幌市営地下鉄東西線「新さっぽろ駅」からジェイ・アール北海道バス文教台循環線「文京台南町」から徒歩10分で大沢口

【施設・設備】
■ 駐車場：あり（無料、24時間利用可）
■ 入場料：無料
■ トイレ：あり
■ バリアフリー設備：自然ふれあい交流館にあり（身障者用駐車スペース・バリアフリートイレ）
■ 食事処：近隣にレストランはないが、喫茶店あり。国道に出れば飲食店、コンビニなど多数あり

【After Birdwatching】
● 北海道博物館：公園内の西北側にある総合博物館。北海道の歴史・民俗・文化・自然についての展示や活動に定評がある。前身は北海道開拓記念館。

に対しても節度ある態度で臨みたい。

冬の野幌森林公園

石狩川河口
いしかりがわかこう

石狩市　MAPCODE 514 313 406*41

コヨシキリ

　北海道最長の河川，石狩川は下流で札幌市北部をかすめるように流れ，石狩市で大きく蛇行して日本海に注ぐ。その河口周辺は年間を通して多様な鳥種が見られ，探鳥地として魅力的なエリアだ。冬はオジロワシやオオワシといった猛禽や，ベニヒワやユキホオジロなどの小鳥が見られるようだが，除雪されていないので車の通行は不可能であり，現実的に立ち入りはできない。ここでは積雪期以外の魅力を紹介する。

　探鳥フィールドとなるのは河口部左岸の半島状に伸びる砂丘海岸で，海浜性植物の群生地「はまなすの丘公園」がある場所だ。石狩灯台が目印となる。公園の手前の海岸草原は6，7月ごろにたくさんの草原性の鳥たちの繁殖地となり，ノビタキ，ノゴマ，ホオアカ，コヨシキリなどのさえずりが一日中響く。雄は目立つ場所に出てさえずるので見つけやすい。この周辺ではアカモズも繁殖するが，近年めっきり減ってしまった。木道のあるはまなすの丘公園内に入ると草丈が低く，ヒバリやハクセキレイの領域となる。

　一方，春秋の渡りの時期には半島先端部付近でメダイチドリやオオソリハシシギなどシギ・チドリ類を探すのが楽しい。背後に草地をもつ砂浜なので，草原を好むチュウシャクシギやホウロクシギなども出現する。11月にはハマシギの大群も見られる。また，時折ミサゴが現れて魚を捕らえたり，石狩川に浮かぶカンムリカイツブリが見られたりする。〔大橋弘一〕

探鳥環境

国道231号で石狩市志美から石狩浜海水浴場方面へ入る。親船町の市街地を抜けると疎林となり、続いて海岸草原が広がり、目的地の探鳥フィールドとなる。石狩灯台入口から先（はまなすの丘公園）は車は入れない。灯台のあたりから半島先端部まで往復すると4km近くあり、特に先端部は砂浜なので歩きにくく、思いのほか時間がかかる。

鳥情報

🔍 季節の鳥／

（春・秋）チュウシャクシギ、ホウロクシギ、トウネン、ミユビシギ、ソリハシシギ、オオソリハシシギ、ハマシギ、メダイチドリ、ダイゼン、ハジロカイツブリ、カンムリカイツブリ、オオタカ、カモメ、アジサシ

（夏）ノビタキ、ノゴマ、ホオアカ、コヨシキリ、オオジュリン、ヒバリ、モズ、アカモズ、ベニマシコ、アリスイ、ニュウナイスズメ、キジバト、ムクドリ、ホオジロ、ミサゴ、カイツブリ、アオサギ、イソシギ、オオジシギ、カッコウ

（通年）ウミウ、オオセグロカモメ、ウミネコ、カワラヒワ、ハクセキレイ、トビ、スズメ

🔍 撮影ガイド／

できるだけ600mm以上の超望遠レンズを使いたい。特にはまなすの丘公園内（半島先端部）は見通しがきき、遠くの鳥を見る場合が多いのでデジスコも有効だろう。公園手前の草原は未舗装でも車で入れる場所が多いので、ゆっくり車を進め、鳥がいたら車から降りずに窓からレンズ先端を出して観察、撮影するのがおすすめる。車から降りると飛んでしまうことが多い。

🔍 問い合わせ先／

はまなすの丘公園ヴィジターセンター
Tel：0133-62-3450
（4月29日～11月3日営業・冬季閉館）
http://www.city.ishikari.hokkaido.jp

探鳥地情報

【アクセス】
- 車：札幌市街中心部から国道231号で約22km
- バス：「札幌駅」バスターミナルから北海道中央バス石狩線終点下車（所要時間60分）、徒歩約20分

【施設・設備】
- 駐車場：あり（無料、24時間利用可）
- 入場料：無料
- トイレ：あり（はまなすの丘公園ヴィジターセンター）
- バリアフリー設備：あり（車椅子対応スロープ・車椅子対応トイレ）
- 食事処：周辺にカフェや郷土料理店あり。市街地に飲食店、コンビニなどあり

【After Birdwatching】
- 石狩天然温泉「番屋の湯」：太古の海水「化石海水」を地下数百mから汲み上げたという、独特な源泉の温泉入浴施設。レストランや宿泊施設もあり、バードウォッチング後の癒しに最適。

⚠ メモ・注意点／
- 幅員の狭い道での車の行き違いなど他車への配慮も忘れずに。

石狩湾新港周辺

いしかりわんしんこうしゅうへん

石狩市　MAPLODE 514 157 405*36

| 1 | 2 | 3 | 4 | 5 | 6 | 7 | 8 | 9 | 10 | 11 | 12 |

2枚貝を食べるスズガモ

　石狩湾新港は1982年から部分的に供用が開始された大規模な国際貿易港で、コンテナなどの貨物輸送と物流拠点として利用され、旅客船の扱いがないため、一般にはなじみが薄い。しかし、一部の埠頭は冬季の海ガモ類観察地としておもしろく、また、後背の草地は草原性の小鳥たちのよい繁殖地になっている。さらに、港の東側の砂浜に続く荒れ地には渡りの時期にシギ・チドリ類が多数飛来する。

　海ガモ類の観察地として楽しめるのは石狩湾新港の東埠頭で、冬季、シノリガモやスズガモ、ホオジロガモなどの海ガモ類やハジロカイツブリなどが間近に観察できる。時には数少ない海鳥も出現することもあり、2015～2016年のシーズンにはコケワタガモが1羽渡来して、しばらく逗留していた。

　草原性の小鳥も東埠頭南側の草地でノビタキ、ホオアカ、コヨシキリなどが観察され、灌木があるせいかニュウナイスズメが現れたこともある。また近年激減しているアカモズも少数ながら見られるが、この場所で繁殖しているかどうかは不明だ。

　東埠頭の東側の荒れ地には草地や湿地状の場所が点在し、春秋の渡りの時期には淡水域を好むシギ・チドリ類が見られる場所として注目される。最近の観察記録だけでもオジロトウネン、ヒバリシギ、アメリカウズラシギ、キリアイ、アカエリヒレアシシギ、ツバメチドリ、ヘラシギなどの名が並び、何が出るかわからない楽しさもある。

〔大橋弘一〕

探鳥環境

東埠頭の突堤部

石狩湾

シノリガモ,スズガモ,ホオジロガモ,ウミアイサ,ハジロカイツブリ

★ヒバリシギ,アメリカウズラシギ,ムナグロ
★オオソリハシシギ,チュウシャクシギ
★アカエリヒレアシシギ,トウネン,キリアイ,ハマシギ,ツバメチドリ

いしかり湾漁協 朝市

●石狩湾新港

石狩放水路

ノビタキ,ホオアカ,★アカモズ,ニュウナイスズメ,ヒバリ

目的地までの足としてはもちろん，現地でのウォッチング時にも車を使う（車から降りない）スタイルとなるので，車で行くことをおすすめする。東埠頭，後背の草地，東側の荒れ地とも観察・撮影時には車が不可欠だ。東側の荒れ地からさらに北東側へ続く道の両側は，石狩川河口エリアへと続く草原で，たくさんの草原性鳥類の繁殖地となっている。

鳥情報

🔍 季節の鳥／

(春・秋)オジロトウネン，ヒバリシギ，アメリカウズラシギ，キリアイ，アカエリヒレアシシギ，ツバメチドリ，オオソリハシシギ，チュウシャクシギ，ソリハシシギ，トウネン，ハマシギ，アジサシ，カンムリカイツブリ
(夏)ノビタキ，ノゴマ，ホオアカ，コヨシキリ，オオジュリン，ヒバリ，モズ，アカモズ，ベニマシコ，エゾセンニュウ，ニュウナイスズメ，オオジシギ，カッコウ，イソシギ
(冬)スズガモ，シノリガモ，ホオジロガモ，ウミアイサ，クロガモ，ハジロカイツブリ，ノスリ，シロカモメ，ワシカモメ
(通年)オオセグロカモメ，ウミネコ，ウミウ，カワラヒワ，ハクセキレイ，トビ

🔍 撮影ガイド／

東埠頭，後背の草原，東側の荒れ地とも遠くの鳥を狙う場合が多く，できるだけ600mm以上の超望遠レンズを使いたい。

⚠ メモ・注意点／

● 後背の草地は不安定な環境で，資材置き場にされてしまったり，工事現場となることがしばしばある。それでも少し離れた場所で鳥たちが繁殖している場合もあるので，丹念に探したい。また，港は東埠頭だけでなく花畔埠頭，樽川埠頭などでも海鳥観察の機会はあるはずなので，時間があれば見ることをおすすめする。

探鳥地情報

【アクセス】

■ 車：札幌市街中心部から国道231号などで約22km
■ 鉄道・バス：札幌市営地下鉄「麻生駅」バスターミナルから北海道中央バス石狩新港線に乗車・所要約60分で「石狩新港6線6号」下車徒歩約30分で東埠頭

【施設・設備】

■ 食事処：周辺にはない。一番近い国道231号沿いの「サーモンファクトリー」内レストランまで東埠頭から約3km。国道231号沿いにはコンビニなどあり

【After Birdwatching】

● 佐藤水産サーモンファクトリー：石狩海岸で捕れるサケ関連商品の総合店舗。サケそのものからさまざまな加工品，お土産品まで多種多様な品ぞろえが特徴。2階のシーフードレストランからは悠々と流れる石狩川の眺望も楽しめる。

東埠頭東側の海岸に現れたオオソリハシシギとミユビシギ

石狩湾新港周辺 | 31

いしかり調整池

いしかりちょうせいち

石狩市　MAPCODE 514 228 122*41

エリマキシギ

　2007年に完成した農業用の貯水池である。周辺の農耕地は海に近いことから、かんがい用水の塩分濃度が高くなることがあり、その濃度を調整するために作られた。満水時の水深は3mを超えるが、農業用水の需要は8月中旬までなので、8月下旬になると水が抜かれはじめ、水深が徐々に浅くなり、最後は浅い干潟のような湿地が現れる。

　水抜きが始まるとアオサギやカワセミが飛来して小魚を捕らえる。底土が出はじめて干潟のような状態になると、ちょうど秋の渡りの時期を迎えたシギ・チドリ類が多数やってくる。1日で10種以上のシギ・チドリ類が見られることも珍しくなく、2007〜2012年までの観察記録によると32種が出現したという。池は短辺でも300m以上ある大きな長方形で、鳥までの距離が遠いことが多いが、時には観察者のすぐ近くまでやってきて無心に採食することもある。アオアシシギは数多く、ツルシギやオグロシギなど比較的体の大きなシギ類も多数飛来するので見応えがある。小形種ではトウネンやソリハシシギなどが常連で、オジロトウネンも毎年見られる。

　シギ・チドリ類だけでなくカモ類やサギ類も多く、また、ハジロクロハラアジサシやマナヅルといった"珍客"が出現したこともある。水鳥を狙ってハヤブサやオオタカが現れることもあり、ハンティングの様子が見られるのも興味深い。シギ類の最盛期には一日中見ていても飽きない探鳥地である。　〔大橋弘一〕

 探鳥環境

公共交通機関はなく，車で行くしか方法はない。調整池の敷地にはゲートがあって一見入りにくいが，探鳥期には野鳥観察者のために施錠されておらず，開けて入ることができる。駐車場もあり，トイレも自由に利用できる。石狩湾新港周辺(p.30)や石狩川河口(p.28)からも遠くなく，鳥の出現状況を見ながらいくつか回るのもよいだろう。

鳥情報

🔹季節の鳥／
(秋)アオアシシギ，コアオアシシギ，エリマキシギ，トウネン，オジロトウネン，タシギ，ソリハシシギ，オオソリハシシギ，ツルシギ，ハマシギ，オグロシギ，オオハシシギ，ムナグロ，コチドリ，アオサギ，ダイサギ，コサギ，チュウサギ，ハヤブサ，オオタカ，ミサゴ，ノスリ，チュウヒ，チゴハヤブサ，マガン，オオハクチョウ，コガモ，オナガガモ，ヒドリガモ

🔹撮影ガイド／
巨大なプールのような場所であり，その底に鳥たちがいるといったイメージ。周囲はぐるりと柵で囲まれていて，その上からカメラを構えることになるので，どうしても鳥を見下ろす状態で撮ることになるが致し方ない。鳥が遠い場合が多いので600mm以上の超望遠レンズ，またはデジスコなど高倍率の機材が必要だ。また，正面ゲートは西側にあり，そこから入ってすぐの場所から撮る場合，光線は午後から夕方が西からの光で順光となる。晴れた日の午前中は光線状態に恵まれないことが多い。

🔹問い合わせ先／
札幌開発建設部 札幌北農業事務所
Tel: 011-391-0590

探鳥地情報

【アクセス】
■車：札幌市街中心部から国道231号などで約27km

【施設・設備】
■駐車場：あり
■入場料：無料
■トイレ：あり
■食事処：周辺にはない。約10km離れたあいの里（札幌市北区）に出ればレストラン等飲食店，コンビニなど多数ある

【After Birdwatching】
●周辺に特に観光施設はない。

調整池から西側の田園を望む

しんかわかこう
新川河口

小樽市　　　　　MAPCODE 493 569 345*44

| 1 | 2 | 3 | 4 | 5 | 6 | 7 | 8 | 9 | 10 | 11 | 12 |

キアシシギ

　札幌市北区から西北へ流れる新川は、琴似川や石狩川水系発寒川の氾濫対策の1つとして明治時代に作られた、10kmほどの直線の人工河川だ。小樽市銭函で日本海に注ぐ河口は、主に石狩湾新港付近までの右岸部がシギ・チドリ類などの観察地としておもしろい。

　河口から4kmほど続く海岸線は砂浜だが、地盤が固いため普通乗用車でも乗り入れられたのだが、海浜レジャーを楽しむ人たちのゴミ捨てなどのマナーが悪いため、2017年から入口道路に車止めが設置された。徒歩で入るしかないのが現状だ。ここで見られるのはトウネン、ミユビシギ、キョウジョシギ、ハマシギなど。砂浜にじっと座っていれば、シギたちは意外と近くまで来ることもある。

　時には、打ち上げられた藻くずや木くずなどに寄り添うようにして、シギたちが休んでいることもあり、波打ち際だけ見ていると見落としてしまい、知らずに近づいて鳥を驚かすことになってしまうので気が抜けない。チュウシャクシギなどは後背の草地にいることもある。注目すべきものとしては、ヘラシギが毎年のように出現し、カラシラサギやミヤコドリが現れたこともあり、ミサゴを見ることも多い。また、最奥部の池ではハジロカイツブリが常連で、ハジロクロハラアジサシが複数飛来したこともある。〔大橋弘一〕

探鳥環境

以前は車でそのまま探鳥できたが，現在は徒歩での探鳥となり，鳥までの距離の点ではやや不利になった。あまり歩き回らず，波打ち際などに座ってじっとしているのも一つの方法だ。

鳥情報

季節の鳥
(春・秋) トウネン，ミユビシギ，キョウジョシギ，ハマシギ，チュウシャクシギ，オオソリハシシギ，アオアシシギ，コアオアシシギ，オバシギ，コオバシギ，ホウロクシギ，ヘラシギ，メダイチドリ，ダイゼン，シロチドリ，ミヤコドリ，ハジロカイツブリ，カイツブリ
(夏) ミサゴ，ショウドウツバメ，イソシギ，ノビタキ，ホオアカ，ノゴマ，コヨシキリ，モズ
(通年) オオセグロカモメ，ウミネコ，ウミウ

撮影ガイド
波打ち際で採食するシギ類を撮るなら，ほぼ一日中順光で撮影できる。機材は手持ちで400mm程度のズームレンズを使うのが最も効率的だ。ただし，ミサゴを狙う際には600mm以上のレンズが欲しい。

メモ・注意点
● 2017年から一般車が入れなくなった(本文参照)。河口まで約2kmの地点(車止めあり)付近にある駐車場に車を止めて，徒歩で入ることになる。不便にはなったが，騒々しいレジャー客がいなくなり，探鳥にはよい環境になった。

探鳥地情報

【アクセス】
■ 車：札幌市街中心部から新川通りなどで約17km

【施設・設備】
■ 食事処：周辺にはない。5〜6km離れた手稲駅周辺には飲食店・コンビニなど多数ある

【After Birdwatching】
● 周辺に特に観光施設はない。

砂浜の東端にできた大きな水たまり

これはオススメ！ 野鳥を鮮明に見るならこの道具
広い視野の双眼鏡／フィールドスコープで楽々観察が心地よい

左から MONARCH 7 8×30、MONARCH HG 8×42、MONARCH フィールドスコープ 82ED-S

ニコン MONARCH シリーズでワイドに楽しむ

「明るくクリアな視界で詳細に鳥を見たい」誰もがもつこの思いを高いレベルで実現した双眼鏡が対物レンズに ED ガラスを採用し、最高光透過率 92% の明るさを誇るシリーズ最高峰 MONARCH HG。MONARCH 7 8×30 はシリーズ最小・最軽量で使いやすい 30 口径モデル。距離が遠い野鳥には、より大きく、自然な見え味とシャープ＆クリアな視界で楽しめる高性能 MONARCH フィールドスコープ。鳥を視界に捉えやすい広視界 MONARCH で、鮮明に楽しく鳥たちと出会いを堪能して欲しい。

MONARCH HG
◎色のにじみの原因となる色収差を改善し、クリアな視界を提供する ED レンズ。
◎フィールドフラットナーレンズシステムの採用で、見掛視界 60.3°(8x)/62.2°(10x) の広視界全域でシャープ＆クリアな像。
◎マグネシウム合金を採用したタフ＆スリムなボディー。

MONARCH HG　8x42　　115,000 円（税別）
MONARCH HG　10x42　　120,000 円（税別）

MONARCH フィールドスコープ
◎可視光域の極限まで色のにじみ抑える ED レンズを採用した「アドバンスト・アポクロマート」。
◎フィールドフラットナーレンズシステムの採用で、視野の隅々までシャープ＆クリアな像。
◎観察距離に応じてフォーカススピードが変化する「距離対応フォーカスシステム」。

MONARCH フィールドスコープ 82ED-S
ボディー本体　　　　　　　　165,000 円（税別）
MEP 接眼レンズ 30-60W 　　60,000 円（税別）

株式会社 ニコンビジョン
株式会社 ニコン イメージング ジャパン

URL:http://www.nikon-image.com

ニコン カスタマーサポートセンター
ナビダイヤル 0570-02-8000

北海道でぜひ会いたい鳥 BEST10 ①

文・写真：大橋弘一

1位 シマフクロウ

日本最大のフクロウ類で，国内では北海道だけにすむ留鳥。森の中の川や湖沼周辺にすみ，ウグイなどの淡水魚を主に捕食する。広葉樹の大径木にできた樹洞に営巣するため，よく発達した森を必要とする。本種が北海道の森と川のシンボル的存在と呼ばれるのはそのためだ。100年ほど前までは北海道全域に分布していたが，今では大雪山系や日高山脈より東の地域にわずかに生息するのみ。

2位 オオワシ

世界最大級のワシで，翼開長は大きい個体では250cmにもなる。北海道やロシア極東の沿岸部などオホーツク海を取り囲むように分布。日本では冬鳥で，安定的にまとまった数が渡来するのは北海道のみ。世界の全個体数約6,000羽のうち3分の1ほどが北海道で越冬すると推定されている。黒白のはっきりしたコントラストが形態上の特徴だが，若い個体は色彩が不明瞭。魚類を主食とし，海岸や河川周辺に多い。

3位 クマゲラ

日本最大のキツツキ類で，全身が黒いこともあって飛ぶ姿はカラスに見間違われるほど。東北地方の一部にも生息する。大木のある広大な森を生息地とし，樹皮のすべすべした直立した木を選んで巣穴を掘り繁殖する。この条件に合うのはトドマツが多いが，道南などではブナもよく選ばれる。飛びながら「コロコロコロ…」と鳴き，木に止まった瞬間に「キョーン」と鳴く。ドラミングの音も大きく，存在感抜群である。

4位 シマエナガ

エナガの北海道亜種。黒い眉斑がなく，頭部全体が白いことが特徴。白い綿帽子のような可憐な雰囲気で人気がある。ただ，幼鳥は黒褐色の太い過眼線があり，亜種エナガに似る。国内では基本的に北海道だけにすむ亜種だが，本州でも稀に記録される。ほかのカラ類と混群をつくったり，細枝にぶら下がって小さな虫を捕食するなど行動や生態は亜種エナガと同様。春先にカエデなどの樹液を吸う姿も見られる。

※月刊『BIRDER』2014年2月号掲載記事「読者が選んだ 北海道に行ったら，ぜひ会いたい鳥 BEST25」を再編しました。

ながはしなえぼこうえん
長橋なえぼ公園

小樽市　　　MAPCODE 164 747 858*08

シジュウカラ

　明治時代に北海道初の林業用苗畑として開設された場所。1985年まで，長く道内の緑化事業に貢献した後，小樽市に移管され，1997年にこの公園（自然生態観察公園）となり，森林浴や自然観察の場として利用しやすいよう整備された。春の桜や秋の紅葉などの名所でもあり，一般市民の憩いの場として親しまれている。今も苗畑の面影が残り，植林地や外国樹種見本林も含まれているが，敷地の大半は自然林で占められ，多種多様な野鳥の生息地として，優れた環境になっている。

　総面積は約31haで，実際に歩いてみると，探鳥地としてちょうどいい規模の森に感じる。林内の一部には湿地や小川もあって，環境は多様性に富み，森林性の鳥から水辺を好む鳥まで約100種の鳥が記録されている。

　探鳥を最も楽しめる時期は5月の新緑の季節で，オオルリ，キビタキ，クロツグミ，センダイムシクイなどが高密度で生息している。やぶの中に潜んでいて見つけにくいコルリも，ここでは比較的見やすい。巣穴を巡ってアカゲラとコムクドリが争う様子が見られたこともある。クマゲラの観察頻度も高く，営巣事例もある。

　冬はカラ類やキツツキ類といった留鳥に加え，レンジャク類，アトリ類などが観察され，ハイタカなどの猛禽も出没する。また，筆者は確認していないが，秋の渡りの時期にはエゾビタキやムギマキなどの旅鳥も見られる可能性がある。

〔大橋弘一〕

探鳥環境

園内の中央園路

バードテーブルも設置されている

園内は中央道路が南北に伸び，しばしばエゾリスが出没する。探鳥もこの道をメインとし，適宜，両側の遊歩道も利用するとよい。東側はやや傾斜のある山道のようなイメージ。北側半分が自然林で，よく繁った森となっている。入口にある「森の自然館」でリアルタイムの情報を教えてもらうのもよい。

鳥情報

季節の鳥／
(春・秋) ルリビタキ，コマドリ，マミチャジナイ，ムギマキ，エゾビタキ
(夏) オオルリ，キビタキ，クロツグミ，コルリ，アカハラ，アオジ，コサメビタキ，センダイムシクイ，コムクドリ，キセキレイ，ムクドリ，モズ，ウグイス，イカル，ヤブサメ，アオバト，キジバト，ヒヨドリ，マガモ
(冬) ヒレンジャク，キレンジャク，アトリ，シメ，ツグミ，カケス
(通年) シジュウカラ，コゲラ，ヤマガラ，ゴジュウカラ，ヒガラ，ハシブトガラ，エナガ，ハクセキレイ，アカゲラ，コゲラ，クマゲラ，ヤマゲラ，オオアカゲラ

撮影ガイド／
600mm以上の超望遠レンズが望ましいが，400～500mmのズームレンズも可。冬季，バードテーブルに来るカラ類，キツツキ類などの場合は比較的短めのレンズでの撮影が適している。

問い合わせ先／
長橋なえぼ公園 森の自然館 Tel：0134-27-6061
(営業期間＝4月上旬～11月上旬，月曜休館)

メモ・注意点
● 5月ごろはミズバショウやザゼンソウ，カタクリ，エゾエンゴサクなど林床の草花も見応えがあるので，標準レンズを持って散策し，花にもカメラを向けるのも一興だ。

探鳥地情報

【アクセス】
■ 車：札幌市街中心部から札樽自動車道利用で約43km
■ 鉄道・バス：JR「小樽駅」から北海道中央バスおたもい線・塩谷線で「苗圃通」下車，徒歩10分

【施設・設備】
■ 駐車場：あり(無料，24時間利用可)
■ 入場料：無料
■ トイレ：あり
■ バリアフリー設備：あり(身障者用駐車スペース，段差解消スロープ，車椅子用トイレ)
■ 食事処：周辺には飲食店なし。コンビニあり。2kmほど離れた小樽運河，小樽駅前付近にはレストランなど飲食店多数あり

【After Birdwatching】
● 小樽運河：小樽市内で最も有名な観光地。「都市景観100選」にも選ばれ，観光ポスターなどにも必ず使われる小樽のイメージの場所。観光客は非常に多い。

すっつわん
寿都湾

寿都郡寿都町

MAPCODE 730 031 638*52

ダイゼン

　寿都は小樽の南西，直線距離で約80kmの地点にある，日本海に面した漁業の町だ。市街地の東側は半円形の内湾で，ここがシギ・チドリ類の優れた観察地となっている。弓型の海岸線がほぼ東西に延びており，終日，南側から陽が当たるため，特に撮影に好適な場所として利用価値が高い。

　海岸は砂浜で，干潟環境の少ない北海道では，シギ・チドリ類にとって貴重な渡り中継地のようだ。海岸の後背には草原と低木林があり，さらに日本海に注ぐ朱太川のゆったりした流れもあるのでシギ・チドリ類以外にもミサゴやハヤブサといった猛禽や草原のノビタキ，川面にはカワセミやカイツブリなど，多種多様な鳥が観察できる。

　シギ・チドリ類の観察には，海岸線に並行して走る漁業用のコンクリート道路を使う。浜辺を注視しながら車をゆっくり走らせれば，渡りの時期なら何種類かのシギ・チドリ類が目に入るだろう。春よりも秋の渡りの時期に個体数が多く，キアシシギ，ミユビシギ，ソリハシシギ，チュウシャクシギ，トウネンなどが7月後半～10月に次々と現れる。特筆すべきは絶滅危惧種のヘラシギが毎年のように現れること。トウネンの群れを見つけたら丹念に探してみよう。ダイゼンは7月中ならまだ夏羽の個体が見られるが，10月近くになれば幼鳥が現れる。ダイゼンに限らず，シギ・チドリ類の成鳥と幼鳥の渡りの時期の違いが目に見えて興味深い。〔大橋弘一〕

 探鳥環境

海岸から東側を望む

海岸から西側を望む

最近，この海岸の東側3分の1ほどが「浜中海岸野営場」と名付けられ，テントを張ることができるようになってしまった。かつては訪れる人がほとんどいなかったため，美しい海岸が保たれていたが，海のレジャーの場として利用されることが多くなったせいか，鳥も減ってきたように感じられる。人が多い時には探鳥は西側を重点的に利用するしかない。

鳥情報

季節の鳥／
(春・秋) キアシシギ，ミユビシギ，ソリハシシギ，チュウシャクシギ，オオソリハシシギ，トウネン，ヘラシギ，オバシギ，キョウジョシギ，ハマシギ，ダイゼン，ムナグロ，コチドリ，シロチドリ，アジサシ，ユリカモメ
(夏) カイツブリ，バン，カワセミ，ミサゴ，ノビタキ，ホオジロ，ベニマシコ，キジバト，イソシギ
(通年) トビ，ハクセキレイ，ハヤブサ

撮影ガイド／
コンクリート道路から波打ち際までは約5～20mだが，道路が高いため，やや見下ろす形になる。鳥をアップで撮るなら600mm以上が欲しいところ。シギ・チドリ類を飛ばさないためには車から降りず，窓からレンズを出して撮影すること。飛ぶミサゴなどを撮るなら車から降りてもよい。

メモ・注意点
- コンクリート道路は本来，漁業用なので漁網を広げて干していることがあるが，下手に漁網を踏むとタイヤに巻き付き，取り返しのつかないことになるので十分に注意。また，道幅が狭いので譲りあって利用したい。

探鳥地情報

【アクセス】
- 車：札幌市街中心部から札樽自動車道・国道5号・229号などで約135km

【施設・設備】
- 駐車場：あり（無料，24時間利用可）
- 入場料：無料
- トイレ：あり
- 食事処：周辺にレストランなどはない。国道229号沿いにある最寄りのレストランまで約6km。また，寿都町の市街地には飲食店・コンビニあり

【After Birdwatching】
- 寿都温泉ゆべつのゆ：食事や宿泊もできる温泉入浴施設。明治時代から湯治場だった歴史のある寿都温泉を利用した，現代的なリラクゼーション施設。「しりべしの名湯」と呼ばれる泉質を誇る。
  営業時間：10:00～21:30（4～11月），10:30～21:00（12～3月），第1月曜定休
  Tel: 0136-64-5211
  http://yubetsunoyu.com/

まいづるゆうすいち
舞鶴遊水地

夕張郡長沼町　MAPCODE 230 322 235*55

チュウヒ

　この遊水池は千歳川の洪水被害を防ぐ目的で，流域の6自治体に1か所ずつ作られたものの1つで，約200haもの面積がある。ほかの千歳川遊水地群に先がけて2015年に完成し，供用が開始された。関係自治体は，遊水地を単なる洪水対策としてだけでなく，「環境学習と交流の場」や「豊かな自然空間と風景の場」などとして活用する方針をもち，ここでの探鳥はまさにその目的に沿ったものだ。人工的に作られた場でも，自然を再現する要素が強く，私たち観察者にとって新しい探鳥地の誕生は喜ばしいことだ。

　実際に現地を訪れると，真新しい道路や関連建造物が目につくものの，フィールド自体は自然の湿地帯のように茫漠と広がっている。浅い水たまりにはカモ類やサギ類，シギ類が見られ，周囲の草地やその外縁の林などまで含めると，いかにも鳥が多くいそうな環境に見える。

　秋は9月ごろ，春は3月ごろから渡り途中の水鳥が多くなる。マガン，ヒシクイといったガン類，オナガガモ，ヒドリガモ，ハシビロガモなどの淡水ガモ類，アオサギ，ダイサギ，オオバンなどが多い。特筆すべき鳥種としては2016シーズンだけでもセイタカシギやヘラサギ，シマアジ，タンチョウが確認された。実は道東から分散が必要なタンチョウの新たな生息地としても注目されている場所なのである。

〔大橋弘一〕

湿地の南側の道路

広大な遊水地ではあるが，道筋に目印がなく，わかりにくい。道東自動車千歳東ICから国道337号を北上し，約2km地点で左折して道道226号を進む。道なりに約4km行った地点で瞼淵川（けぬふちがわ）の橋を渡る手前を右折すれば遊水地の入口に到着する。

鳥情報

季節の鳥／

（春・秋）オオハクチョウ，ヒシクイ，マガン，ハシビロガモ，ヒドリガモ，コガモ，オナガガモ，シマアジ，ヨシガモ，ダイサギ，アオサギ，アマサギ，オオバン，セイタカシギ，ヘラサギ，イワツバメ，オジロワシ

（夏）カルガモ，チュウヒ，コヨシキリ，ノビタキ，オオジュリン，ヒバリ，キジバト，カワセミ，ショウドウツバメ

（通年）タンチョウ，トビ，ムクドリ，マガモ，ハクセキレイ，カワラヒワ

撮影ガイド／

鳥までの距離が非常に遠く，最低でも600mm以上の超望遠レンズが必要。できればデジスコなども使いたい。なお，冬季は積雪のため行けない。撮影は3月下旬から11月までに限られる。

状況にもよるが，通常は水たまりの近くまで車で行けるので，車から降りずに窓を開け，レンズ先端を出して撮影したい。車から降りると鳥を飛ばしてしまう。開けた場所なので車をブラインド代わりに使う方法が特に有効な場所だ。

探鳥地情報

【アクセス】
■車：札幌市街中心部から国道12号・274号などで約36km

【施設・設備】
■入場料：無料
■食事処：近隣に飲食店やコンビニはない。15kmほど離れた長沼町の市街地には飲食店・コンビニあり

【After Birdwatching】
●周辺に特に観光施設はない。

自然の池のように見える

舞鶴遊水地 | 43

おさつぬま
長都沼

千歳市／夕張郡長沼町　MAPCODE 230 261 019*74

ヒシクイ

　最近は全国的にもその名が知られるようになってきたが、「長都沼」は実は通称で、正式名称は「ネシコシ排水路」という。ネシコシ排水路は、1987～1990年に行われた「国営かんがい排水事業（ネシコシ地区）」の一環で整備された、幅約130m、延長約1.8kmの農業排水路である。「沼」と呼ぶには細長く、見た目は大きな川のような印象だ。春秋にはオオヒシクイやマガン、オオハクチョウ、それにたくさんのカモ類が多数集結し、水鳥の渡りの重要な中継地になっていることから、2001年には環境省の「日本の重要湿地500」にも選出されている。

　かつて、この付近には長都沼（現在の長都沼と位置が異なる）をはじめとする自然の沼が点在する湿地帯で、明治時代の開拓期にはカモ類、ガン類、ツル類などを含む無数の鳥たちの良好な生息地だったという。しかし、度々氾濫を起こす千歳川の洪水被害対策としてさまざまな土地改変が行われ、昭和30年代には湿地全体が埋め立てられてしまった経緯がある。

　現在の通称「長都沼」が誰によって、なぜこのように呼ばれるようになったかは不明だが、かつての一帯の豊かな自然を再現したものと受け取られ、その象徴としてこの字を当てたのかもしれない。今は、シジュウカラガンやトモエガモなども渡来し、周辺にはハイイロチュウヒやケアシノスリなども出現する、魅力満載の探鳥地である。　〔大橋弘一〕

探鳥環境

沼の中央，東側の駐車場にある観察台

周辺は広大な農耕地で目立つ建物などがなく，非常にわかりにくい場所にある。JR「千歳駅」前から国道337号を進み，途中から農道を北進するのが通常のルートだが，わかりにくかったら道東自動車道の千歳ICを起点にするのがよい。

鳥情報

季節の鳥／
(春・秋) ヒシクイ (亜種オオヒシクイ)，マガン，シジュウカラガン，ハクガン，サカツラガン，オオハクチョウ，コハクチョウ，オナガガモ，ヒドリガモ，コガモ，ハシビロガモ，キンクロハジロ，ヨシガモ，トモエガモ，カワアイサ，ダイサギ，オオバン

(夏) アオサギ，ノビタキ，ノゴマ，ホオアカ，コヨシキリ，オオジュリン，ヒバリ，マキノセンニュウ，シマセンニュウ，モズ，ベニマシコ，ホオジロ，カイツブリ，オオジシギ，カッコウ，チュウヒ，ニュウナイスズメ，アオジ

(冬) オジロワシ，オオワシ，ハイイロチュウヒ，ノスリ，ケアシノスリ，コミミズク，ミコアイサ，ツグミ

(通年) カワラヒワ，ハクセキレイ，トビ，スズメ

撮影ガイド／
沼の中央，東側に駐車場 (数台分) と2階建ての東屋のような観察台があり，ここから撮影するのが基本。鳥までの距離は遠く，600mm以上の超望遠レンズが必要。アップで撮りたいならデジスコがいいだろう。

問い合わせ先／
千歳市環境課自然環境係　Tel: 0123-24-0597
http://www.city.chitose.lg.jp

メモ・注意点
- 駐車場以外のところに無造作に車を乗り入れると，鳥を驚かすことになるので要注意。観察台からだと

探鳥地情報

【アクセス】
- 車：札幌市街中心部から国道12号・274号などで約40km。高速道路を使う場合は道東自動車道「千歳東IC」から約4km
- 鉄道・バス：最寄駅はJR千歳線「長都駅」だが，そこから徒歩1時間30分ほどかかる。公共交通機関ではなく，レンタカーを使うほうがいいだろう

【施設・設備】
- 駐車場：あり (無料，24時間利用可)
- 入場料：無料
- 食事処：周辺に飲食店やコンビニはないが，カフェや郷土料理店はある。10kmほど離れた千歳市街にはレストラン，ファストフード店，コンビニなど多数あり

【After Birdwatching】
- 周辺に特に観光施設はない。

上から見下ろす角度になることや，鳥までの距離が遠いこと，夏や秋には周囲の草が繁茂していて，道路から沼の様子が見えないなど制約が多く，撮影にはあまり適していない。

北海道大学苫小牧研究林

ほっかいどうだいがくとまこまいけんきゅうりん

苫小牧市　MAPCODE® 113 312 823*25

ヤマガラ

　北海道の探鳥地の草分け的存在の1つで，古くから「苫小牧の演習林」として親しまれてきた場所である。ベテランバーダーには，かつてここが"演習林"の名だったことを知る人も多いだろう。ミズナラやカエデ類などを主体とする広葉樹林が中心の広大な平地林で，大学の研究林でありながら，一部を一般開放しており，誰でも自由に訪れて散策などを楽しめる。

　森全体は2,700ha以上もあるが，一般開放されているのは入口付近の約3haの「樹木園」で，探鳥地としての「北大苫小牧研究林」はこの部分を指す。森林性の鳥はもちろん，森の中には幌内川(ほろないがわ)の清流が流れ，いくつかの池も設けられているため，カモ類など水辺の鳥も見られる。これまで記録されている鳥は110種以上を数え，いつ訪れても清々しい環境の中で，鳥との楽しい時間を過ごすことができる。

　クマゲラ，フクロウ，エゾライチョウといった人気者をはじめ，初夏のオオルリやキビタキ，アカハラなどの華麗な歌声，冬のマヒワやアトリ，イスカなどの美しい姿，時にはハイタカやミサゴのダイナミックな狩りの場面など，見どころは尽きない。カラ類やキツツキ類など留鳥の個体数も多く，初心者からベテランまで楽しめるが，特にヤマガラ，シジュウカラ，ハシブトガラなどはとても人馴れしていて，ヒマワリの種を乗せた手に止まってついばむほどだ。

〔大橋弘一〕

 探鳥環境

苫小牧市の市街地で新明町から北進し、道央自動車道の下をくぐって左折、その直後を右折すれば研究林へのアプローチ道路だ。目印は「苫小牧タピオパークゴルフクラブ」で、そこから約500mで入口。

鳥情報

季節の鳥／
(春・秋)トラツグミ、キクイタダキ、キンクロハジロ、オナガガモ
(夏)オオルリ、アカハラ、キビタキ、センダイムシクイ、コサメビタキ、クロツグミ、アオジ、イカル、ニュウナイスズメ、キセキレイ、ミサゴ
(冬)ツグミ、フクロウ、エゾライチョウ、ヤマセミ、イスカ、アトリ、シメ、ウソ、ミヤマホオジロ、カシラダカ、カケス、ホオジロガモ、ホシハジロ、マガモ、ヒドリガモ、アメリカヒドリ、ダイサギ
(通年)クマゲラ、アカゲラ、コゲラ、ヤマゲラ、ヒヨドリ、ミソサザイ、シマエナガ、シジュウカラ、ゴジュウカラ、ヤマガラ、ハシブトガラ、ハイタカ

撮影ガイド／
600mm以上の超望遠レンズが欲しい。あるいは400〜500mmの望遠ズームレンズ。人馴れしたカラ類は200mmのレンズでもいろいろな撮り方ができる。

問い合わせ先／
北大苫小牧研究林庁舎　Tel: 0144-33-2171
https://tomakexpforest.jimdo.com/

メモ・注意点
● 北大の7つある研究林の1つで、正式名称は「北海道大学北方生物圏フィールド科学センター森林圏ステーション苫小牧研究林」。一般開放されているとはいえ、森林生態系に関するさまざまな調査・研究が行われており、それを妨げないよう配慮する必要がある。

探鳥地情報

【アクセス】
■ 車：札幌から道央自動車道の「苫小牧東IC」利用で約66km。高速道路を使わない場合は、支笏湖周辺を経由する国道453号、276号利用で約72km
■ 鉄道・バス：JR室蘭線「苫小牧駅」から道南バス永福三条線で「美園小学校前」下車、徒歩約20分

【施設・設備】
■ 駐車場：あり（庁舎の駐車場は立ち入り制限区域なので、ログハウスとトイレがある駐車場を利用する）
■ 入場料：無料
■ トイレ：あり
■ 食事処：周辺には飲食店はない。近隣にコンビニあり。約3km離れた苫小牧市街地には飲食店・コンビニ多数

【After Birdwatching】
● 天然温泉「ゆのみの湯」：源泉掛け流しの露天風呂もあるスパ・リゾート。樽前山の勇姿を見ながら入浴できる。レストラン・売店などもあり。オートキャンプ場「オートリゾートアルテン」に隣接している。
http://www.dp-flex.co.jp/arten/yunomi/roten.html
Tel: 0144-67-2222

<small>うとないこ</small>
ウトナイ湖

苫小牧市　　MAPLODE 113 445 198*34

カモメ

　1981年に、日本野鳥の会の第1号サンクチュアリが設置された場所として、全国的に有名な湖だ。国内屈指の渡り鳥の中継地であり、周辺部も含め、これまでに記録された鳥は、実に約270種を数える。

　苫小牧から千歳の周辺（石狩低地帯）は「勇払原野」と呼ばれ、かつては釧路湿原にも匹敵する大規模な湿原地帯だった。タンチョウやマナヅルなど、多数の水鳥の一大生息地だったとも考えられている。しかし、明治時代からの開拓によって港湾や都市、空港、農地など、さまざまな開発が行われ、湿地の大部分が失われた。ウトナイ湖は往時の原生自然の姿を今に伝える貴重な湖沼なのだ。

　年間を通して鳥との出会いは豊富だが、特におすすめは3～4月と10～11月のガン・カモ類の渡りの季節と、5～7月の夏鳥のさえずりの季節だろう。探鳥の拠点となるのはやはり「ウトナイ湖サンクチュアリ」で、湖畔の林内に張り巡らされた自然観察路（小径）を歩き、観察小屋なども利用しながら鳥を探したい。ネイチャーセンターで最新情報をチェックすると効率的だ。1年間に見られる鳥種は平均約130種で、カモ科だけでも25種。マガンは春季に5万羽以上、ヒシクイ（亜種オオヒシクイ）は900羽も渡来し、トモエガモやヨシガモ、シマアジ、サルハマシギといった観察機会が少ない鳥も時折出現する。また、沼周辺の草原や灌木林ではノゴマ、オオジュリン、カッコウ、チュウヒなどが繁殖している。

〔大橋弘一〕

 探鳥環境

一般の立入が可能なのは湖の北岸。ウトナイ湖サンクチュアリや、国設野生鳥獣保護センターもあり、両者を結ぶ遊歩道やサンクチュアリ敷地内の自然観察路（小径）が観察ルートとなる。JR「千歳線植苗駅」側から入る美々川の河口周辺も草原の観察地として押さえておこう。

鳥情報

🌞 季節の鳥／

（春・秋）マガン，ヒシクイ（亜種オオヒシクイ），ハクガン，オオハクチョウ，コハクチョウ，ツルシギ，オグロシギ，サルハマシギ，ハマシギ，ヒバリシギ，ウズラシギ，タカブシギ，アオアシシギ，トモエガモ，オナガガモ
（夏）オオジシギ，ヤマシギ，ヒバリ，ノゴマ，ノビタキ，オオジュリン，ベニマシコ，コヨシキリ，ホオアカ，ホオジロ，カッコウ，キビタキ，センダイムシクイ，アカハラ，クロツグミ，トラツグミ，ウグイス，エゾセンニュウ，シマセンニュウ
（冬）オオワシ，オジロワシ，ツグミ，ミヤマホオジロ，ウソ，アトリ，コミミズク，チョウゲンボウ，ハイタカ，ノスリ，タンチョウ
（通年）シジュウカラ，ゴジュウカラ，シマエナガ，ハイタカ，ハヤブサ，コウライキジ，アカゲラ，ヤマゲラ，オオアカゲラ，コゲラ，ハクセキレイ，カワラヒワ

📷 撮影ガイド／

　湖面の鳥は遠いことが多く，600mm以上の超望遠レンズ，またはデジスコなど高倍率の機材が必要。自然観察路（小径）では400～500mmでも可

📧 問い合わせ先／

日本野鳥の会ウトナイ湖サンクチュアリネイチャーセンター
（開館は土日祝日のみ）　Tel：0144-58-2505
http://park15.wakwak.com/~wbsjsc/011/

⚠️ メモ・注意点／

● サンクチュアリの自然観察路は積雪の多いとき以外はいつでも利用できるが，喫煙を含む火気厳禁，動植物採取禁止，ペット持ち込み禁止などルールがある。また，湖の南岸（室蘭本線側・日高自動車道側）は立ち入ることはできない。

探鳥地情報

【アクセス】

■ 車：札幌から道央自動車道「苫小牧東IC」利用で約60km。新千歳空港から道道130号・国道36号で約12km
■ 鉄道・バス：JR千歳線「新千歳空港駅」から道南バス「苫小牧駅前」行きで乗車約15分，「ネイチャーセンター入口」下車，徒歩約15分

【施設・設備】

■ 駐車場：あり（サンクチュアリネイチャーセンター，野生鳥獣保護センター）
■ 入場料：無料
■ トイレ：あり
■ バリアフリー設備：あり（ネイチャーセンターのトイレ，野生鳥獣保護センターの木道など）
■ 食事処：国道36号沿いにレストラン，そば店などあり。コンビニもある

【After Birdwatching】

● 道の駅ウトナイ湖：レストラン，海鮮パーク，農産物直売所などが大人気の道の駅。日本野鳥の会のアンテナショップもあり，野鳥グッズも買える。
http://www.hokkaido-michinoeki.jp/michinoeki/3038/

ポロト自然休養林
ぽろとしぜんきゅうようりん

白老郡白老町　MAPCODE 545 252 612*22

| 1 | 2 | 3 | 4 | 5 | 6 | 7 | 8 | 9 | 10 | 11 | 12 |

アカハラ

　ポロト湖は胆振(いぶり)地方を代表する自然探勝地の1つで，周囲約4km，面積約33haの静かな湖だ。湖を含む一帯400ha余が「ポロト自然休養林」で，その中核は湖の北側に広がる湿地帯と清流，そして落葉広葉樹を主体とした豊かな森林環境である。この湿地帯や森の中にはいくつもの遊歩道があり，気分と体力に合わせ，鳥を求めて好きな道を歩けばよい。

　森の鳥，川の鳥，湿地の鳥，水辺の鳥，林縁の鳥など，これまでにここで確認されている鳥は140種に上る。これほど多くの鳥が見られるのは，森も湿地も川も湖も良質であることの証だろう。

　森ではキビタキやオオルリ，アカハラ，クロツグミなどが多いが，オオコノハズク，アオバズク，ジュウイチ，アオバト，ヨタカ，クマゲラなど出会いのうれしい鳥も期待できる。湖ではオジロワシ，オオワシ，ヤマセミ，カワアイサなど，川や湿地ではミソサザイ，カワガラス，キセキレイ，クイナなどだ。

　一年を通していつでも探鳥が楽しめるが，最もおすすめしたい時期は5月前半だ。広葉樹の葉が伸びはじめ，夏鳥たちが続々と到着するころである。瑞々しい新緑を背景にアカハラやキビタキ，オオルリなどのさえずりが響き，明けきらぬ早朝ならトラツグミの独特な声も聞こえてくる。アカゲラやヤマゲラ，クマゲラのドラミングも加わり，森が最もにぎやかなこの季節には，一日中鳥を探して散策していても飽きることがない。〔大橋弘一〕

探鳥環境

湿地帯に設けられた「植物観察用浮橋」

ポロト湖の南西端から湖を右手に見ながら進む。舗装道路だが道幅は狭く、カーブが多いので走行には注意したい。道央自動車道の高架をくぐり抜けると、車で入れる最奥に広い駐車場とビジターセンターがあり、ここを起点にする。徒歩だとJR白老駅からここまで約30分。

鳥情報

🌸季節の鳥／
(春・秋) コマドリ、ルリビタキ、キクイタダキ、メボソムシクイ、ヒレンジャク、キレンジャク
(夏) キビタキ、クロツグミ、オオルリ、アカハラ、コサメビタキ、センダイムシクイ、ウグイス、イカル、カッコウ、ツツドリ、ホトトギス、ジュウイチ、アオバト、キジバト、トラツグミ、メジロ、ニュウナイスズメ、コムクドリ、ヤブサメ、キセキレイ、オオジシギ、クイナ、コヨシキリ、ノビタキ、ヒバリ、エゾセンニュウ、ツバメ、ベニマシコ、カワセミ
(冬) オオワシ、オジロワシ、ベニヒワ、マヒワ、アトリ、オオマシコ
(通年) シジュウカラ、ハシブトガラ、ヤマガラ、ゴジュウカラ、シマエナガ、アカゲラ、コゲラ、ヤマゲラ、クマゲラ、フクロウ、ヒヨドリ、ムクドリ、カササギ

📷撮影ガイド／
600mmの超望遠レンズが基本装備となるだろう。400〜500mmのズームレンズも使えるが、焦点距離に物足りなさを感じる場面がありそうだ。湖面の水鳥は基本的に遠すぎて撮影は無理であり、森と湿地での撮影に専念したほうがよい。

📞問い合わせ先／
ポロトの森キャンプ場　ビジターセンター
Tel: 0144-85-2005 (冬季は閉館)
http://www.jbbqc.com/poroto_camp/info.html

探鳥地情報

【アクセス】
■車：札幌から道央自動車道「白老IC」利用で約92km
■鉄道・バス：JR室蘭本線「白老駅」下車、徒歩約7分で湖南端へ。そこからビジターセンターまで徒歩約20分

【施設・設備】
■駐車場：あり(無料)
■入場料：無料
■トイレ：あり
■食事処：周辺にはないが、1〜2km離れた白老市街地には飲食店・コンビニなどがある

【After Birdwatching】
● 白老たまごの里マザーズ：新鮮で良質なたまごの生産で人気の養鶏場が運営する鶏卵ショップ。何種類もの卵や卵を使ったスイーツの販売のほか、レストランもあり、観光客でにぎわう人気ショップ。
http://www.mothers-egg.com/

❗メモ・注意点／
● 湖周囲のサイクリングロードも探鳥に利用できるが、舗装されているため、長く歩くと足が疲れる。
● ビジターセンターでは探鳥情報、自然情報が入手できる。林内の北部にはヒグマが現れることもあるので、その状況もチェックしておきたい。

おおはまなか
大浜中

余市郡余市町

MAPCODE 164 695 018*04

ミヤコドリ

　余市町は小樽市の西隣の町で，風光明媚な日本海に面している。古くはニシン漁で栄え，現在はリンゴなどの果樹農業が盛んで，ニッカウヰスキー創業の地としても知られるなど，多彩な特徴をもつ町だ。バーダーにとっては，冬の海ガモ類観察地である余市港や，北海道では珍しく市街地でツバメが繁殖し飛び交う姿が見られるといった見どころがある。ここでは，シギ・チドリ類観察地としての大浜中海岸の魅力を紹介する。

　余市町市街地の東部を流れる登川の河口から東側の砂浜海岸を「大浜中」と呼ぶ。これは正式な地名ではないようだが，国道5号にはこの海岸への入口であるバス停「大浜中」停留所があり，道路標識にもその名がある。バス停付近から車でも海岸の砂浜に出られるので，少しの間ならばスタックしないよう注意して通行し，車窓からシギ・チドリ類の観察が可能だ。

　波打ち際で採食するトウネン，ハマシギ，ミユビシギ，メダイチドリなどが観察しやすいほか，チュウシャクシギやダイゼンも珍しくなく，時にはホウロクシギやオオソリハシシギ，ミヤコドリも飛来し，オオチドリ，ヘラシギ，ツバメチドリ，ハジロコチドリといった観察機会の少ない種も記録されている。

　ほかに，上空にミサゴやハヤブサを見ることもあり，後背の草地には渡り途中と思われるノビタキやヒバリも現れる。迷鳥クロジョウビタキの記録もある。　　〔大橋弘一〕

探鳥環境　

国道5号から登川の東側にある道を海岸へ向かう。ここから「フゴッペ海水浴場」までの約1.5kmの海岸線が探鳥地。砂浜だが入口から200～300m程度は車で入れる。ただし，あまり奥まで入るとスタックの可能性が高いので，早めに車を停めて徒歩で探鳥するのが無難だ。砂浜なので歩くときは長靴がよい。

鳥情報

季節の鳥
（春・秋）トウネン，ハマシギ，ミユビシギ，ソリハシシギ，キアシシギ，メダイチドリ，チュウシャクシギ，ダイゼン，ムナグロ，ホウロクシギ，オオソリハシシギ，ヘラシギ，ミヤコドリ，オオセグロカモメ，ウミネコ，ミサゴ，ハヤブサ，トビ，ヒバリ，ノビタキ，カワセミ

撮影ガイド
必ずしも鳥までの距離が遠いとは限らないが，見通しがきく場所で，なかなか鳥に近づきにくいため，通常の撮影では600mm以上の超望遠レンズ，もしくはデジスコなど高倍率の機材が必要だ。1か所で長時間じっと待てるなら400～500mmのズームレンズも使えるだろう。

メモ・注意点
- 8月のお盆休み前後はレジャー客が多いので，探鳥は早朝の時間帯にしたい。特に東側のフゴッペ海水浴場に近い場所は人が多い。

海岸から西側を望む。切り立った崖はシリパ岬

探鳥地情報

【アクセス】
- 車：札幌から札樽自動車道・国道5号利用で約55km
- 鉄道・バス：JR函館本線「小樽駅」から北海道中央バス余市線で「大浜中」下車，徒歩5分

【施設・設備】
- 食事処：周辺の国道沿いに飲食店・コンビニ数か所あり

【After Birdwatching】
- 宇宙記念館「スペース童夢」：余市町が宇宙飛行士・毛利衛氏の出身地であることを記念して設置された宇宙と地球環境をテーマとするミュージアム。冬季閉館。
http://www.spacedome.jp/

オオセグロカモメの親子

測量山・マスイチ展望台

そくりょうざん・ますいちてんぼうだい

室蘭市　MAPCODE 159 250 342*14（測量山展望台）　MAPCODE 159 219 847*33（マスイチ展望台）

ハチクマ

　室蘭はハヤブサの高密度の繁殖地として全国的に有名なうえに、秋には北海道随一のタカ類の渡り観察地として、多くのバーダーの注目を浴びる場所でもある。その代表的なスポットが、測量山とマスイチ展望台だ。どちらの展望台も眺望に優れ、一般の観光客も多い場所なので、駐車場やトイレの心配もなく、じっくりと鳥たちの渡りの様子が観察できる。

　どちらも太平洋に突き出した絵鞆半島にあり、直線距離で700mほどしか離れていない。海岸線の断崖絶壁が続く絵鞆半島の最高峰が測量山で標高約200m。その西南にマスイチ展望台があり、こちらは標高約100m。いずれも数字上はそれほど高くないが、マスイチ海岸の絶壁は太平洋（内浦湾）へほとんど垂直に落ち込んでおり、ここが鳥たちの渡りの重要な目印となっていることは間違いない。

　例年、タカの渡りは9月上旬のハチクマから始まる。ハイタカ、ツミ、クマタカなども渡るが、ハチクマが最も多い。10月に入るとノスリが目立って増え、オオタカ、チゴハヤブサなどが続き、ハチクマは徐々に幼鳥へと変わっていく。10月下旬にはノスリの渡りのピークがあり、11月上旬まで続く。

　タカ類だけでなく、ヒヨドリをはじめ、さまざまな小鳥たちが渡り途中の姿を見せてくれるので注目したい。年によって変動はあるがカラ類やアトリ類、ヒタキ類などの渡りの姿も見られるだろう。

〔大橋弘一〕

探鳥環境

白鳥大橋から南下して測量山を目指す。山頂の駐車場に車を停め、階段を上って最上部の展望台でタカが飛んでくるのを待つ。マスイチ展望台は、駐車場の並びでも観察・撮影できるが、階段を上ったスペースもあり、そのもう一段上にも展望スペースがある。

鳥情報

季節の鳥／
(春・秋) ハチクマ，ノスリ，ハイタカ，ツミ，オオタカ，ミサゴ，ハヤブサ，チゴハヤブサ，チュウヒ，チョウゲンボウ，コチョウゲンボウ，ヒヨドリ，シジュウカラ，ヒガラ，メジロ，カワラヒワ，マヒワ，イカル，ニュウナイスズメ，アトリ，コムクドリ，コサメビタキ，イワツバメ，アマツバメ

撮影ガイド／
高所を飛ぶ鳥を撮るためには高倍率の機材が必要で，その反面，どこから現れるかわからない個体にも臨機応変に対応したい。そのためには，600mm以上の超望遠レンズを三脚に据えつけて鳥の出現を待ちつつ，別に400mm程度のズームレンズを装着したカメラを手持ちで用意しておくのがベストだろう。

問い合わせ先／
日本野鳥の会室蘭支部　Tel: 0142-23-3169（篠原）

メモ・注意点／
- 測量山から約4km離れた地球岬の周辺も鳥の渡りの名所であり，ハヤブサの国内有数の繁殖地でもある。
- タカの渡りを目的とした探鳥会は，日本野鳥の会室蘭支部主催でシーズン中に2～3回行われる。

探鳥地情報

【アクセス】
- 車：札幌から道央自動車道「室蘭IC」利用で約138kmで測量山
- 鉄道・バス：JR室蘭本線「室蘭駅」下車，徒歩約50分

【施設・設備】
- 駐車場：あり（無料，24時間利用可）
- 入場料：無料
- トイレ：あり
- 食事処：周辺にレストランなどはない。約3km離れた室蘭市街地まで出れば，飲食店・コンビニ多数あり

【After Birdwatching】
- 白鳥大橋：室蘭の人気ナンバーワン観光スポット。東日本では最大規模の吊り橋で，自動車専用道路となっている。都市の夜景スポットとしても人気上昇中。

マスイチ展望台

おさるがわ
長流川

伊達市

MAPCODE 321 221 392*71

コチドリ

　伊達市は北海道の中では気候が温暖で，積雪も少ない場所として知られている。市街地の北に有珠山と洞爺湖を望む，静かな農村といったイメージの土地だ。

　長流川は伊達市街地の西側を北から南へと流れる川で，河口部は川幅100m近い，ゆったりした流れとなっている。この一帯は海に面した海洋性気候のため冬も比較的暖かく，川面が全面結氷することはほとんどない。河口から2kmほどの区間はコンクリート護岸が施され，一見，自然度の低い川に見えるが，実際は，河口を含む下流部とその周辺でこれまでに実に230種もの野鳥が記録されている，優れた探鳥フィールドなのだ。

　河口こそコンクリートで固められてはいるが，少し遡れば地域特有の自然が色濃く残されており，それがこの川の生物多様性を育み，多種多様な生物が息づく川にしているのだろう。そのため，水辺の鳥だけでなく，野山の鳥，海の鳥まで含め，北海道に生息する鳥種のほとんどを見ることができる。地理的にも鳥たちの渡りのルートに当たっているのか，渡りの時期に珍しい鳥が出現することがあるのもこの川の特徴だ。例えばオオホシハジロ，カラシラサギ，コベニヒワ，オオカラモズ，マミジロツメナガセキレイ，ヒメハジロ，ツクシガモ，サンカノゴイなど。さらにミヤマガラスに混じってコクマルガラスが毎冬のように見られることなど興味深い事例は数多く，常に注目していたい場所である。〔大橋弘一〕

探鳥環境

道道779号の新長流橋を渡ると，右岸沿いに河口へ向かう堰堤に続く道があり，そこを進みながら川の様子を見る。河口から右折して進む草原もポイントの1つ。また，国道37号の長流橋から上流側に進んで出る中流部も見逃せない。周辺の田園地帯もコクマルガラスなどのポイントなので，冬を中心にチェックしたい。

鳥情報

季節の鳥

(春・秋) コガモ，オシドリ，トモエガモ，ヨシガモ，オカヨシガモ，シマアジ，シロチドリ，メダイチドリ，ムナグロ，ダイゼン，キョウジョシギ，トウネン，ウズラシギ，ハマシギ，ヘラシギ，エリマキシギ，クサシギ，アジサシ
(夏) オオヨシキリ，ホオジロ，ノビタキ，オオジュリン，ベニマシコ，コムクドリ，アリスイ，カワセミ，コチドリ，オオジシギ，ゴイサギ，アマサギ，アオサギ，コサギ，ダイサギ，チュウヒ，ショウドウツバメ，ミサゴ
(冬) コクガン，ビロードキンクロ，ホオジロガモ，ヒメハジロ，ミコアイサ，ウミアイサ，コオリガモ，オオハクチョウ，コハクチョウ，ツグミ，オオモズ，オオカラモズ，オオワシ，オジロワシ，ケアシノスリ，ハイイロチュウヒ，チョウゲンボウ，コチョウゲンボウ，コミミズク，シラガホオジロ，ユキホオジロ
(通年) カイツブリ，トビ，ウミウ，ムクドリ，マガモ，ハクセキレイ，カワラヒワ

撮影ガイド

堰堤から見る河口部の鳥は距離が遠く，最低でも600mm以上の超望遠レンズが必要で，デジスコなども有効。車から降りずに窓からの撮影となる場合が多い。右岸の草原や川の中流部では，状況によって400～500mmのズームレンズも可能。

問い合わせ先

日本野鳥の会室蘭支部　Tel: 0142-23-3169 (篠原)

探鳥地情報

[アクセス]

- 車：札幌から道央自動車道「伊達IC」利用で約146km
- 鉄道・バス：JR室蘭本線「長和駅」下車，徒歩約15分。または，JR「伊達紋別駅」から道南バス倶知安方面行きで「長和」下車，徒歩約15分

[施設・設備]

- 食事処：近隣に飲食店やコンビニはない。3kmほど離れた伊達市街地には飲食店・コンビニ多数あり

[After Birdwatching]

- 道の駅「だて歴史の杜」：大規模な道の駅。地元の農産物や水産品などが，広大な館内に豊富に並ぶショップや，オリジナルメニューのレストラン，観光物産館などが人気。
http://www.hokkaido-michinoeki.jp/michinoeki/2253/

メモ・注意点

- 日本野鳥の会室蘭支部主催で探鳥会が行われることがある。

河口から太平洋を望む

むかわかこう・むかわぎょこう
鵡川河口・鵡川漁港

勇払郡むかわ町

MAPCODE 455 202 287*54

コミミズク

　鵡川河口は道央圏では最も人気の高い探鳥地の1つで，春秋の渡りの時期をはじめ，厳寒期，初夏など四季折々にそれぞれの魅力がある。

　ここ20年ほどの間，海岸浸食による干潟の大幅な減少，人為的な土地利用の変化，台風による洪水や倒木災害などによって，河口周辺部の地形や探鳥環境は大きく変遷してきた。それに伴って見られる鳥種や場所にも変化が生じている。かつて大きな干潟があったころには，周辺の原野も含め，春秋のシギ・チドリ類がメインの観察対象だったが，干潟の減少とともに，主役は草原・農耕地の鳥へと変わってきた。今では，冬季に見られる猛禽類や北方系の小鳥の出現に注目する人が多い。例えばコミミズク，ハイイロチュウヒ，ケアシノスリ，コチョウゲンボウなどが冬の常連で，シロハヤブサの幼鳥が複数個体越冬した年もあった。ユキホオジロやツメナガホオジロ，ハギマシコ，ベニヒワ，アトリなどが多数渡来する年もある。

　また渡りの時期には，思わぬ珍客が現れることもあり，ヘラサギ，クロツラヘラサギ，カラシラサギ，コウノトリ，コモンシギ，アメリカウズラシギなどの記録がある。

　一方，鵡川の左岸から1kmほど東には鵡川漁港があり，冬は海ガモ類などの観察地として楽しめる。クロガモやシノリガモ，ホオジロガモなどに加えて，アビ類やカンムリカイツブリ，コクガンが現れるときもある。

〔大橋弘一〕

左岸の堤防

鵡川漁港

右岸と左岸でアプローチは異なる。人工干潟のある右岸の河口へは道の駅「むかわ四季の館」から南下し，国道235号を渡って農道を行けば干潟への入口に出る。車両通行止めのゲートがあるので，そこに車を停め，徒歩で入る。左岸は国道235号の鵡川大橋の東方にあるコンビニエンスストアの交差点を右折し，道なりに河口へ進む。

鳥情報

🔭 季節の鳥

(春・秋) ハマシギ，キアシシギ，キョウジョシギ，オオソリハシシギ，シロチドリ，メダイチドリ，アオアシシギ，エリマキシギ，ソリハシシギ，トウネン，チュウシャクシギ，ホウロクシギ，ウズラシギ，ユリカモメ，ハジロカイツブリ，シマアジ，コガモ，オナガガモ

(夏) アオサギ，ノビタキ，ノゴマ，ホオアカ，コヨシキリ，オオヨシキリ，オオジュリン，ヒバリ，モズ，ベニマシコ，ホオジロ，オオジシギ，カッコウ，チュウヒ，コチドリ，ニュウナイスズメ，アオジ，ショウドウツバメ

(冬) コミミズク，チョウゲンボウ，コチョウゲンボウ，ハイイロチュウヒ，シロハヤブサ，ノスリ，ケアシノスリ，オジロワシ，オオワシ，ツグミ，ベニヒワ，ユキホオジロ，ツメナガホオジロ，ハギマシコ，アトリ，シメ，マガン，ハクガン，ダイサギ，クロガモ，シノリガモ，ウミアイサ，スズガモ，ホオジロガモ，シロカモメ，ワシカモメ

(通年) タンチョウ，オオタカ，カワラヒワ，ハクセキレイ，トビ，オオセグロカモメ，コウライキジ

📷 撮影ガイド

河口，漁港とも600mm以上の超望遠レンズを使いたい。河口は右岸，左岸とも三脚使用可能。漁港は基本的に車から降りず，窓からレンズ先端を出すスタイルで撮影する。漁港では運がよければクロガモなどが岸壁近くに寄ってくることがあるので，その場合は300〜400mmのズームレンズが適している。

探鳥地情報

【アクセス】

■ 車：札幌から道央自動車道・道東自動車道「鵡川IC」利用で約90km

■ 鉄道・バス：JR日高本線「鵡川駅」下車，徒歩約20分で右岸人工干潟入口。バスは高速ペガサス号・高速ひだか号で「むかわ四季の館前」下車，徒歩約10分で右岸人工干潟入口。なお，左岸へ行く便利な公共交通機関はない

【施設・設備】

■ トイレ：道の駅「むかわ四季の館」を利用

■ バリアフリー設備：あり（道の駅「むかわ四季の館」の車椅子用トイレ，駐車スペース）

■ 食事処：左岸河口の入口にコンビニあり。むかわ町の市街地に飲食店やコンビニはある。

【After Birdwatching】

● カネダイ大野商店：むかわ町の名産品シシャモの専門店。生干しシシャモ，シシャモ加工品の販売のほか，レシピの紹介，調理のテクニックなどシシャモについて何でも教えてくれる。
http://kanedaioono.com/

❗ メモ・注意点

● ここ数年，タンチョウが少数だが定着している。道東からの分散の拠点となることが期待されているので，特に繁殖地には近づかず，温かく見守る姿勢を心がけたい。

宮島沼
みやじまぬま

美唄市　MAPCODE 575 296 160*33

マガンの大群

　空知地方のほぼ中央に位置する美唄市の西端にある沼で，面積は約30ha，平均水深は約50cm。石狩川の氾濫による河跡湖と言われ，その成り立ちには諸説があるが，かつて国内最大の湿原だったという石狩川流域の泥炭地の名残の1つであることは間違いないようだ。

　宮島沼そのものは大きな沼ではないが，渡りの途中でここを利用するマガンの数はピーク時に7万羽以上にもなる。国内最北にして最大のマガン寄留地と言われる理由である。マガンのほかにヒシクイ，カリガネ，シジュウカラガンなども見られ，マガンの大群の中から数の少ないガン類を探す楽しみもあるが，宮島沼を訪れたら，まずはマガンの数の迫力を体験したい。

　マガンたちはこの沼をねぐらとして利用しているので，昼間は基本的に周辺の農耕地へ採食に出かけている。従って，数の迫力を感じるには，早朝の一斉飛び立ちの場面や，夕方のねぐら入りが狙い目。朝の飛び立ちは，春季はだいたい4時30分ごろ，秋季は5時ごろで日の出の少し前と考えればよい。4月下旬のピーク時は，朝4時前に現地に到着するつもりで出かけるのがおすすめだ。夕方のねぐら入りは春季17時30分前後，秋季は16時30分前後で日没前後である。

　日中は周囲の農耕地を探せば容易に採食の場面を見つけることができる。マガンの姿をハッキリ見たいときはそちらを探すのがよいだろう。

〔大橋弘一〕

探鳥環境

美唄または岩見沢の市街地から，石狩川の月形大橋付近を目指して進む。近づくと道道33号などに案内標識が出るので，それに従って沼へ向かう。日中は近隣の美唄市・岩見沢市の農耕地でガンの姿を探す。

鳥情報

季節の鳥／
(春・秋) マガン，ヒシクイ（亜種オオヒシクイ），カリガネ，シジュウカラガン，ハクガン，ハイイロガン，オオハクチョウ，コハクチョウ，ヒドリガモ，マガモ，カルガモ，オナガガモ，ハシビロガモ，コガモ，ヨシガモ，キンクロハジロ，ホシハジロ，カワアイサ，ミコアイサ，ウミアイサ，ユリカモメ，セイタカシギ，ダイサギ，オグロシギ（夏）カワセミ，アオサギ，ノビタキ，コヨシキリ，ベニマシコ，ホオジロ，アリスイ

撮影ガイド／
マガンの朝の一斉飛び立ちは，広角〜標準レンズ，100〜200mmの望遠ズームレンズなどが適している。撮影意図によって使い分けよう。超望遠レンズは使いにくい。日中の採食地での撮影は，マガンとの距離を保って撮るため，逆に600mm以上の超望遠レンズが望ましい。

問い合わせ先／
宮島沼水鳥・湿地センター　Tel: 0126-66-5066
http://www.city.bibai.hokkaido.jp/miyajimanuma/

メモ・注意点／
● 厳格にルールが決められている場所である。朝の飛び立ちの撮影にはできるだけ観察小屋を利用する。観察小屋に入れないときも，決められた観察エリアから出てはいけない。駐車場，観察エリアまでの順路も決められている。現地での案内標識に従って行動しよう。

探鳥地情報

【アクセス】
■ 車：札幌から国道275号利用で約50km。道央自動車道を利用する場合は「岩見沢IC」から約27km
■ 鉄道・バス：JR函館本線「岩見沢駅」バスターミナルから北海道中央バス「月形駅前」行きで「大富農協」下車，徒歩7分

【施設・設備】
■ 駐車場：あり（宮島沼水鳥・湿地センター）
■ 開館時間：9：00〜17：00，月曜休館
　※マガン最盛期は休館日なしで，開館時間延長あり
■ 入場料：無料
■ トイレ：あり（宮島沼水鳥・湿地センター）
　※マガン最盛期は早朝もトイレのみ使用可
■ バリアフリー設備：あり（宮島沼水鳥・湿地センターに車椅子用駐車スペース，車椅子用トイレ，視覚障害者用誘導音）
■ 食事処：周辺には飲食店はない。約4km離れた月形町市街地に飲食店・コンビニあり

【After Birdwatching】
● 月形温泉「ゆりかご」：美唄の西隣・月形町にある月形温泉ホテル併設の日帰りも可能な温泉施設で，宮島沼から約4kmの皆楽公園内にある。ジャグジー，露天風呂やサウナもある。
Tel: 0126-37-2188
https://tsukigataonsen-hotel.com

たきかわこうえん
滝川公園

砂川市

MAPCODE 179 156 313*55

クマゲラ

　砂川市の北端に位置する17haほどの都市公園（風致公園）で，空知川の橋を渡れば滝川市という場所にある。行政区分上は砂川市にありながら，管理は隣の滝川市という変わった位置付けで，滝川市役所のホームページでも「滝川市内の公園」として扱われている。

　大正時代に市民の憩いの場として公園造成された歴史があり，桜が多く植えられ，花見の名所として親しまれてきたが，近年は昔のようなにぎわいはない。公園の中心となっている池は空知川の河跡湖でヘラブナの釣り場となっており，今も釣り人は多い。

　下草が刈られていないなど，公園整備の視点から見ればやや荒れた状況にも見えるが，それが幸いしてか，フクロウの繁殖地となり，クマゲラが出没し，エゾリスが走り回る公園となって，自然好きの人たちには喜ばれている。後背の丘陵地の森，隣接したスキー場跡地の草地，空知川の河川敷など周辺は多様な環境がそろっているので，併せて観察することをおすすめする。鳥に関する統計的な調査は行われていないようだが，時間をかけて精密な調査を行えば，かなりの種数が記録される可能性があるだろう。

　5月ごろにはアカゲラ，コムクドリ，ニュウナイスズメの繁殖が観察されるほか，キビタキ，アカハラ，オオルリなどの夏鳥に加え，オオアカゲラやクマゲラなどの留鳥もよく見かける。池にはいつもカワセミやアオサギ，バンなどが現れる。

〔大橋弘一〕

園内の池

国道12号で，空知大橋のたもとから道道227号を東進してすぐ右側が滝川公園。駐車場は公園の東側，スキー場跡地側にある。空知川の河川敷は滝川市側のほうが草原性の小鳥は多い。冬季，積雪の多いときは入れない。

鳥情報

🔵 季節の鳥／

(春・秋) コガモ，マガモ，カルガモ
(夏) ニュウナイスズメ，コムクドリ，キビタキ，オオルリ，コサメビタキ，センダイムシクイ，アカハラ，アオジ，キジバト，カワセミ，アオサギ，バン，カイツブリ，コヨシキリ，ノビタキ，ホオアカ，ヒバリ，コチドリ，アオバズク
(冬) ツグミ，マヒワ，キレンジャク，ヒレンジャク，ベニヒワ，アトリ，ミヤマカケス
(通年) フクロウ，シジュウカラ，ゴジュウカラ，ヤマガラ，ヒガラ，ハシブトガラ，シマエナガ，クマゲラ，アカゲラ，ヤマゲラ，オオアカゲラ，コゲラ，ハクセキレイ，カワラヒワ

🔵 撮影ガイド／
600mm以上の超望遠レンズがベストだが，400〜500mmのズームレンズでもOK。

❗ メモ・注意点／
● 草の茂る時期は長靴で歩くのが無難。下草のほか，ぬかるんでいる場所もある。
● 公園から約2km南西の函館本線沿いにアオサギのコロニーがある。

探鳥地情報

【アクセス】
■ 車：札幌から道央自動車道「滝川IC」利用で約93km
■ 鉄道・バス：JR函館本線「滝川駅」バスターミナルから，北海道中央バス赤平線で「滝川公園入口」下車，徒歩10分

【施設・設備】
■ 駐車場：あり
■ 入場料：無料
■ トイレ：あり
■ 食事処：周辺には飲食店はない。約2km離れた滝川市の市街地には飲食店，コンビニなど多数あり

【After Birdwatching】
● 松尾ジンギスカン本店：今や全国区となった北海道料理「ジンギスカン」の発祥と言われる料理店の本店が滝川市内にある。
http://www.matsuo1956.jp/

空知川河川敷

column

北海道の「困った」交通事情

文・写真●大橋弘一

　30年前，東京から北海道へ転居したばかりのころは，ヨドバシカメラがないことや，田舎に行くとセブンイレブンがないことがとても不便に感じられたものだ。あれから北海道もだいぶ変わり，今ではヨドバシカメラもできたし，セブンイレブンもほとんどこにでもある。

　しかし，変わっていないこともある。それは札幌の地下鉄と車の運転マナーの悪さだ。まず札幌の地下鉄の車内には網棚がない。東京では当たり前のように荷物を網棚に上げていたが，札幌でも同じことをやりそうになって，座っている人の頭にあやうくバッグを落としそうになったことがある。実際，そうした事故は後を絶たないという。そりゃそうだろう，電車には網棚があるのが全国標準なのだから。市当局は「乗車時間が首都圏より短いから」と言うが，納得できる理由ではない。結局，床に荷物を置く人が続出しているのが札幌の地下鉄の現状だ。不衛生だし，第一，邪魔だ。

　もう一つ，札幌の地下鉄は車輪がゴムタイヤという珍しい構造になっている。「音が静かで乗り心地がいい」との触れ込みなのだが，実際は逆で，

札幌市営地下鉄のホーム

札幌・大通公園周辺の道路。この交通量の少なさが運転マナーの悪さの原因だろうか……

　駅で電車を待つ時などキーンという金属音がやかましい。なぜこんな音がするのかわからないが，東京の地下鉄では聞かない音だ。乗り心地もいいとは思えない。
　続いて，車の運転。ウィンカーも出さずに急に曲がったり止まったりすることは多く，後続車は常に緊張を強いられる。駐停車する際も左側に寄せず，道の真ん中に平気で停めていたりするのにはあきれてしまう。
　歩行者も驚くべき荒ワザを繰り出す。何と，行きたい方向と逆向きに走っているタクシーに手を挙げて停めるのだ。片側２車線以上あるような幹線道路でもこれを平気でやり，タクシーもわざわざ違反を犯してまでＵターンして乗せてくれるのだ。
　「所変われば」ではあるが，北海道で車を運転する際にはくれぐれも気をつけてほしい。

しらかみみさき
白神岬

松前郡松前町　　　MAPCODE 676 219 422*54

| 1 | 2 | 3 | 4 | 5 | 6 | 7 | 8 | 9 | 10 | 11 | 12 |

ハチクマ

　函館市街から国道228号を南下して約2時間。立岩トンネルを過ぎ，すぐ右側に赤と白の灯台が見えたらそこが白神岬だ。駐車場から頭上を見上げ，まず渡りの状況を観察しよう。10月中旬〜11月上旬の天候のおだやかな朝には，稜線をはうようにヒヨドリの大群が次々に移動していく。数百〜二千くらいの群れで海に飛び出したヒヨドリは，ハヤブサの襲来から逃れるため，波にのまれそうな低空を高速で飛び去る。渡る位置が松前寄りの場合，さらにその先にある白神岬展望広場の駐車場に移動すればよく見える。

　ヒヨドリ以外の渡りは8月にすでに始まっていて，9月中旬からコサメビタキやヤブサメ，10月に入るとシジュウカラなどのカラ類やニュウナイスズメ，メジロなどの群れが人間の体にぶつかるくらい近くを次々に飛んでくる。1本のササに数羽の鳥が止まることもあり，珍鳥でなくてもカメラマンにはうれしいシチュエーションだ。

　タカ類の渡り観察には岬周辺のほかに，白神岳の山頂付近がおすすめ。林道の入り口は福島町側にもあるがわかりにくいので，松前町役場大沢支所の前の道路を右折すると7kmほどで山頂に到着できる。大雨等で道路が荒れているときは，無理をしないこと。また，ヒグマの出没も多いので徒歩での入山は危険。9月に入るとハチクマの渡りが始まり，ノスリ，オオタカ，ハイタカ，ツミも渡りはじめるほか，イヌワシの観察例もある。タカ同士の争いも頻繁で，クマタカがこれに加わると迫力満点だ。

〔岩田真知〕

探鳥環境

海面すれすれを飛ぶヒヨドリ

灯台付近等にバス停はあるが、渡りの開始時間には間に合わないので、レンタカーやタクシーを利用し、早朝に各駐車場で待機したい。その日の状況によって、渡る位置が違うので注意すること。白神岳山頂へのルートは危険なところもあるので、不慣れな人は「森と海の情報センター」の撮影会に参加するとよい。

鳥情報

季節の鳥
ハチクマ，ノスリ，ハイタカ，オオタカ，クマタカ，ツミ，ハヤブサ，チゴハヤブサ，コミミズク，アマツバメ，ノビタキ，ノゴマ，コサメビタキ，エゾビタキ，ヤブサメ，ミヤマカケス，アカゲラ，ニュウナイスズメ，メジロ，ヒヨドリ，ホオジロ，カラ類

撮影ガイド
海岸沿いでの撮影となるので、国道や岩場からの転落に注意が必要。歩道はないのでガードレール内外での三脚は使用不可。

問い合わせ先
松前町役場　Tel: 0139-42-2275
http://www.town.matsumae.hokkaido.jp
福島町役場　Tel: 0139-47-3001
http://www.town.fukushima.hokkaido.jp

メモ・注意点
- 渡りの群れや猛禽を見かけても、後続車の追突や道路横断時の事故の危険があるので、路上停車はしないこと。また、白神岳山頂付近の林道ではヒグマの出没があるため、車からあまり離れないのが賢明だ。
- 渡りの状況や白神岳の林道状況など、町役場で把握しきれない情報は「森と海の情報センター」(Tel: 090-8272-8731)に問い合わせるとよい。電話受付は18:00以降。センターでは、渡り撮影会も実施している。

探鳥地情報

【アクセス】
- 車：函館市内から国道228号を南下し、白神岬の灯台まで約86km
- 鉄道・バス：JR「函館駅」から道南いさりび鉄道「木古内駅」下車。「木古内駅」から函館バス「松前出張所」行きに乗車して約1時間10分、「灯台下」停留所下車

【施設・設備】
- 駐車場：あり
- トイレ：あり（知内町の道の駅を利用）
- 食事処：道の駅しりうち。函館方面から白神岬の間、トイレや休憩場所として利用される。ここから白神岬まで40分。日中は地域の物産も販売する。
Tel: 01392-6-2270
http://www.hokkaido-michinoeki.jp/michinoeki/961/

[After Birdwatching]
- 松前温泉休養センター：国道228号沿いにある温泉施設。藩政時代の温泉を意識した和風の建物で、海風で冷えた体を温めて帰ることができる。
営業時間：11:00～21:00
（火曜定休）
料金：大人380円，12歳以下無料
http://matsumae-onsen.com/index.html

道の駅しりうち

奥尻島
おくしりとう

奥尻郡奥尻町

MAPCODE 781 247 379*08

ヤツガシラ

　奥尻島は道南の日本海に浮かぶ島で，北海道本島からは最短17kmの沖合にある。北海道の離島としては利尻島に次ぐ第2位の面積で（北方領土を除く），84kmの海岸線がある大きな島だ。島の全域が冷温帯落葉広葉樹林帯に属し，ブナ林がよく発達した島である。対馬暖流の影響を受けて気候は温暖であり，そのためここを北限とする植物も数多い。

　探鳥地として奥尻島を見た場合，日本海の島ならではの渡り期の楽しみが期待できる。舳倉島（石川県）や飛島（山形県），対馬（長崎県），天売島（北海道）などと同じように，ふだんはなかなか目にすることのない珍しい鳥が，春秋の移動の際に立ち寄っている可能性が十分あるのだ。ミサゴが多いこと，夏羽のミミカイツブリやアカエリカイツブリ，ヒメウに簡単に出会えること，北海道では珍しいジョウビタキやゴイサギも渡来していることなどが特徴であり，春季にはヤツガシラにも出会える。何よりどの鳥も生息密度が高い。じっくり腰を落ち着けて調査をすれば，きっとおもしろい結果が得られるだろう。各種文献や鳥類標識調査結果などから，奥尻島ではこれまでに約120種の鳥の記録があるそうだが，冬季の調査はほとんど行われていない。今後の本格的な調査が望まれる，可能性を秘めた日本海の離島である。　〔大橋弘一〕

探鳥環境

島の西側の海岸はやや急峻な地形で，崖や岩礁が多く，ミサゴやイソヒヨドリ，カイツブリ類などが観察しやすい。東側の海岸はカモメ類，カモ類，ウ類などが高密度に生息する。ハヤブサやクマタカは湯の浜から宮津に至る山道で出会える可能性が高い。

鳥情報

季節の鳥／
（春・秋）セグロカモメ，シロカモメ，シノリガモ，ウミアイサ，アマサギ，チュウサギ，コサギ，ルリビタキ，ツグミ，カシラダカ，アトリ，ウソ，ホオジロ，クロジ，カワラヒワ，ヤツガシラ，キアシシギ，タシギ
（夏）イソヒヨドリ，ミサゴ，オオジシギ，キジバト，アオバト，カッコウ，ジュウイチ，ツツドリ，アオバズク，ハリオアマツバメ，アマツバメ，アカショウビン，カワセミ，ヒバリ，ツバメ，キセキレイ，ノゴマ，ノビタキ，コルリ，アカハラ，ヤブサメ，センダイムシクイ，オオルリ，メジロ，アオジ，オオジュリン，イカル，ベニマシコ，コムクドリ
（冬）オオワシ，オジロワシ

撮影ガイド／
島を訪れたら，まずは海岸線に沿って島を一周する町道を車で走りながら海に注目してみよう。岩礁にいるウ類やシノリガモ，カイツブリ類，そしてミサゴやハヤブサなどが撮れるはずだ。岩場にはイソヒヨドリが多い。レンズは600mm以上が好適。400〜500mmズームレンズもOKだが，少し物足りなく感じるかもしれない。

問い合わせ先／
奥尻島観光協会 Tel: 01397-2-3456
http://unimaru.com/

探鳥地情報

【アクセス】
- フェリー：江差，せたなからのフェリー航路がある。所要時間は江差から2時間10分・せたなから1時間40分（ハートランドフェリー http://www.heartlandferry.jp/）
- 飛行機：函館〜奥尻便の所要時間は約30分（北海道エアシステム（HAC） https://www.info.hac-air.co.jp/）

【施設・設備】
- 駐車場：あり（駐車できるスペースは随所にある）
- トイレ：あり
- バリアフリー設備：あり
- 食事処：島内に食堂・ラーメン店・すし店などが散在している。コンビニはない

【After Birdwatching】
- 奥尻島津波館：1993年に奥尻島に大きな被害をもたらした北海道南西沖地震。その実像を展示物や映像で後世に伝え，復興への軌跡を紹介する記念館。
http://unimaru.com/?page_id=82

メモ・注意点／
- 交通量は多くないので，基本的には必要に応じてどこにでも車を停めて撮影ができる。ただ，場所によっては道幅が狭いところもあるので，ほかの車や通行人の迷惑にならないように気をつけたい。

はこだてわん
函館湾

函館市・北斗市　MAPLODE 774 057 585*33

| 1 | 2 | 3 | 4 | 5 | 6 | 7 | 8 | 9 | 10 | 11 | 12 |

コクガン

　函館湾とは，函館市の函館山と北斗市の葛登支岬を結ぶラインから北側の内湾のことを指す。函館湾といえばコクガンであり，この範囲内では矢不来・茂辺地から渡島当別の辺りまでが観察ポイントだ。さらに函館湾の外に位置する釜谷の海岸も数が多く，その延長上ではさらに西側の知内町，福島町にも採食地が点在している。湾の東側では函館空港近くの志海苔～小安周辺の一帯がコクガンの多い海岸だ。

　これらの海岸をコクガンを探して車で移動していくのが定番の観察方法だが，障害物がなく見やすいのは湾の西側のエリアだ。国道228号は海岸線をなめるように海沿いを走り，道路から見下ろせばコクガンが平磯でアオノリなど海藻を食べている姿が見られる。一方，湾の東側の海岸は岩礁と平磯が混在する海岸で，海の景色や雰囲気はいいのだが，道路の海側に民家が多く，直接海が見える場所が少ない。そこで，駐車できそうなスペースに車を停めて，海の様子を確認しながらコクガンを探す。

　コクガンは，だいたい11月ごろ～翌年3月ごろまで湾周辺で過ごすが，年によって渡来・渡去の時期はまちまちで，時には5月上旬まで留まることもある。また，さらに東へ行って噴火湾側に回り込んでしばらく行くと，南茅部や鹿部といったコクガン観察地もあるので，併せて探鳥することをおすすめしたい。

〔大橋弘一〕

探鳥環境

広い範囲で考えると函館湾の周辺の海岸60～80km圏内がコクガン限定の探鳥地ということになる。東は小安，西は釜谷までの範囲に点在する採食地を巡るつもりで車を走らせよう。上磯の海岸では春秋にシギ類も見られる。

鳥情報

季節の鳥
(冬) コクガン，オオセグロカモメ，シロカモメ，セグロカモメ，ワシカモメ，カワアイサ，ウミアイサ，ハジロカイツブリ，オジロワシ

撮影ガイド
コクガンは警戒心が強く，あまり近づけないことが多い。地形的にも近づけない場所が多いため，普通は600mm以上のレンズが好ましい。風景的に作画する場合でも，標準よりもやや望遠系のレンズがよい。道路に車を停めて窓から撮る状態なら，比較的近づいても飛ばない。

メモ・注意点
●道路に停めて撮る場合は，交通状況に十分注意すること。志海苔方面は道幅が狭く，片側1車線で道路には停められない。必ず駐車できるスペースを見つけて停めること。

コクガンのポイントを望む海岸道路（茂辺地付近）

探鳥地情報

【アクセス】
■車：札幌からは道央自動車道と道道96号利用で約303km

【施設・設備】
■駐車場：なし　■入場料：なし
■トイレ：道の駅「みそぎの郷きこない」などを利用
■バリアフリー設備：あり（道の駅の駐車スペース・トイレなど）
■食事処：函館市内には飲食店・コンビニ多数あり

【After Birdwatching】
●トラピスト修道院：函館湾の西方，北斗市三ツ石にある日本最古のカトリック男子修道院。1896年（明治29年）に創設された女人禁制の施設で内部に立ち入ることはできないが，敷地前の庭園などは一般開放された観光施設になっている。厳しい戒律の下で自給自足の生活を送る修道士たちが作るバターやクッキーは北海道土産の定番ともいえる名物で，直売店で販売されているソフトクリームもおいしい。修道院に続く荘厳な雰囲気の並木道の風景も美しく，一見の価値あり。

トラピスト修道院

函館湾 | 71

はこだてやま
函館山

函館市　MAPCODE 86 009 748*46

| 1 | 2 | 3 | 4 | 5 | 6 | 7 | 8 | 9 | 10 | 11 | 12 |

クロツグミ

　函館山は津軽海峡へ突き出した半島であり、地図で見るとまるで握りこぶしのような形だ。標高わずか334mの小さな山でありながら、多くの鳥がここを目印に渡っているであろうことが、地形からも想像できる。もともとは島だったが、海流に運ばれた砂の堆積によって北海道本島と陸続きになってできたという、独特な成り立ちの半島である。また御殿山、つつじ山、水元山など12ものピークがあるという複雑な山容でもある。

　明治時代後期から約半世紀にわたって軍事要塞だった歴史があり、長く一般人の立ち入りが規制されていた。そのため、貴重な植生など良好な自然が保たれ、結果として残された緑が、今は自然観察や市民の散策などに利用されることになった。夜景で世界的に有名になった観光スポットであり、道南でもいちばんの観光名所として知られるが、探鳥地としても楽しみの多い場所である。

　これまで函館山で記録された鳥は約150種にのぼり、繁殖の場としてだけでなく、渡り時期にここを利用する鳥も多いことがわかる。たとえば4月下旬には渡ってきたばかりのオオルリやコマドリ、クロツグミなどの姿を山ろくの管理事務所付近で見ることができる。山中へ進めばキビタキ、センダイムシクイ、コルリ、アオジ、メジロなどが見られ、千畳敷見晴所ではビンズイもいる。特筆すべきは、秋の渡り時期にルリビタキがとても多いことだ。

〔大橋弘一〕

探鳥環境

探鳥ではロープウェイを使わず，ふれあいセンターを起点にして軽登山のつもりで徒歩で登るのが一般的だ。山頂まで所要約1時間。体力に自信がない人はつつじ山まで車で入り，つつじ山駐車場から千畳敷を往復するコースがおすすめ。起伏があまりないので散策気分で探鳥できる。水元山の南側にある野鳥観察小屋はハイドとして利用でき，水場があって撮影にも好都合。

鳥情報

季節の鳥

(春・秋)ルリビタキ，コマドリ，クロジ，エゾビタキ，ビンズイ，サメビタキ
(夏)オオルリ，クロツグミ，キビタキ，センダイムシクイ，アカハラ，トラツグミ，コルリ，ウグイス，メジロ，ノビタキ，ホオアカ，ベニマシコ，ホオジロ，モズ，キジバト，アオバト，コサメビタキ，キクイタダキ
(冬)ジョウビタキ，シメ，ツグミ，カケス
(通年)シマエナガ，シジュウカラ，ハシブトガラ，コガラ，ヒガラ，ゴジュウカラ，ヤマガラ，アカゲラ，オオアカゲラ，コゲラ，ヤマゲラ，クマゲラ，トビ，ハクセキレイ，ハヤブサ，ミソサザイ

撮影ガイド

600mm以上の超望遠レンズでもよいが，三脚まで含めた重い荷物となることを避け，400～500mmのズームレンズでフットワークよく手持ち撮影するのが最適。

問い合わせ先

函館山ふれあいセンター(管理事務所)
Tel：0138-22-6799
http://www.hakodate-jts-kosya.jp/park/p_mt_hakodate.html

メモ・注意点

● 散策コース以外への立ち入り，火気の使用，動植物の採取・持ち込みは禁止されている。また，マムシやスズメバチの生息地でもあるので十分注意しよう。

探鳥地情報

【アクセス】

■ 車：JR「函館駅」から約2km
■ 鉄道・バス：JR「函館駅」から函館市電谷地頭方面「宝来町」下車，徒歩20分

【施設・設備】

■ 駐車場：あり
■ 入場料：なし
■ トイレ：あり
■ バリアフリー設備：あり(ふれあいセンターの駐車スペース)
■ 食事処：函館市内に飲食店・コンビニ多数あり

【After Birdwatching】

● 函館朝市：JR「函館駅」前にある大規模な市場。昭和20年開設という歴史があり，名産のイカをはじめ海産物，農産物等の販売で評判になり，年間200万人もが訪れる北海道でも有数の観光地となっている。
http://www.hakodate-asaichi.com/index2.php

ルリビタキ

おおぬまこくていこうえん
大沼国定公園

亀田郡七飯町，茅部郡森町　　MAPCODE 86 815 506*60

エゾフクロウ

　大沼国定公園は，大沼・小沼・じゅんさい沼などの湖沼と，100以上の小さな島によって構成された観光地だ。発達した森林にはクマゲラなど多くの野鳥が生息し，道南有数の探鳥地となっている。

　大沼自然ふれあいセンターの餌台には，冬季になるとカラ類やアカゲラ，コゲラ，ミヤマカケス，シメなど多くの野鳥が訪れる。一番人気はヤマゲラで，雄も雌も入れ替わり立ち替わり登場して見る人を喜ばせてくれる。

　月見橋を渡ると雄大な駒ケ岳の山容が現れる。冬の朝はここで山を背景に飛んでくるオオハクチョウを狙うカメラマンを多く見かける。白鳥台セバットの駐車場の階段を下りると，オオハクチョウやカモ類が多数集まるポイントになっており，少し離れた対岸付近にカワアイサやミコアイサなどを見ることができる。最近はトモエガモやクビワキンクロなども観察されているので，思わぬ出会いがあるかもしれない。駐車場付近の山林ではシマエナガの群れと出会うことがある。

　大沼森林公園に隣接した大沼国際セミナーハウスでは，駐車場やトイレを利用できるので，自然観察のベースとして利用されている。かつてはアカショウビンが多数生息し，道路から見える位置にも営巣したために，多くのカメラマンが訪れ，いろいろな問題も発生した。現在アカショウビンはほとんど見かけなくなったが，人気のエゾフクロウやクマゲラやオオアカゲラ，ヤマゲラなど，キツツキ類は生息しているので，訪れるバーダーやカメラマンは減ることがない。マナーに配慮した探鳥や撮影を心がけたい。　〔岩田真知〕

オオハクチョウと駒ケ岳

車の場合，各ポイントを巡っていく。徒歩の場合は駅近くの自然ふれあいセンターから白鳥台セバット，森林公園のセミナーハウスを目指すといいだろう。自転車があれば，さらに大岩園地，駒ケ岳神社，キャンプ場などを経由し，湖畔を一周することも可能だ。時間に余裕があれば各ポイントの滞在時間を長くし，季節の野鳥を楽しむのもよい。

鳥情報

🔵 季節の鳥／

(春・夏) ニュウナイスズメ，クロツグミ，マミジロ，アカショウビン，コムクドリ，オオルリ，コルリ，キビタキ，カイツブリ，オオコノハズク

(冬) ミコアイサ，カワアイサ，冬のカモ類，オオハクチョウ，アオシギ，イスカ，ナキイスカ，マヒワ，ベニヒワ，オオワシ，コチョウゲンボウ

(通年) クマゲラ，ヤマゲラ，アカゲラ，エゾフクロウ，キバシリ，シマエナガ，ヤマセミ，カワセミ，ハイタカ，ツミ，オオタカ，クマタカ，オジロワシ

🔵 撮影ガイド／

地元の野鳥カメラマンも多く訪れる場所なので，情報や注意点などを聞くとよい。保護のため立ち入り禁止となっている場所もあるので，ロープの中などには入らないこと。営巣時期には特に注意。大沼や駒ケ岳山ろくの状況に詳しい，野鳥プロガイドの長谷智恵子氏に案内してもらうのがベスト (Tel: 090-7656-0878)。

🔵 問い合わせ先／

大沼国際交流プラザ　Tel: 0138-67-2170

❗ メモ・注意点／

- 5月の連休以降は非常に蚊が多くなるので，防虫対策は十分に。
- アカショウビンやエゾフクロウなどの営巣木に近づきすぎないよう注意。

探鳥地情報

[アクセス]

- 車：JR「函館駅」から函館新道，国道5号を経由して約30km
- 鉄道・バス：JR「函館駅」から特急北斗で「大沼公園」まで約20分，普通列車で約50分。函館バス大沼公園経由鹿部行きで「函館駅前」から「大沼公園」まで約1時間

[施設・設備]

大沼自然ふれあいセンター

- 営業期間：7:00～16:00 (冬季，夏季は18:00まで)
- 入場料：無料　■駐車場：あり
- トイレ：あり
- 食事処：大沼公園駅から徒歩1分の「ステーションホテル旭屋」は，地元野鳥カメラマンの写真を常時展示しており，レストランは日中も営業している。

[After Birdwatching]

- ラッキーピエロ　峠下総本店「バードウォッチング館」：大沼から国道5号を函館方向に車で5分。今や函館を代表する観光飲食チェーンの本店。ご当地ハンバーガーのランキング日本一に輝き，オリジナルの商品なども販売する人気の施設。店の内外にシギ・チドリ類やシロハヤブサなどをはじめとした大小の「世界の野鳥」の絵やオブジェが展示されている。休日には観光客が多く，混雑する。
http://luckypierrot.jp/shop/togeshita

はちろうぬまこうえん
八郎沼公園

北斗市　MAPCODE 774 509 393*64

| 1 | 2 | 3 | 4 | 5 | 6 | 7 | 8 | 9 | 10 | 11 | 12 |

ミヤマカケス

　北海道新幹線・新函館北斗駅のある北斗市は，近年「野鳥観光」の推進に力を入れている自治体の1つだ。観光協会が道南の探鳥名所を巡るツアーを企画するなどの施策を行っているが，その一環として市内の身近な場所を探鳥の拠点にしようという趣旨で選ばれた場所がこの公園である。

　八郎沼は明治時代に入植した人物が酪農用に池を掘ったのが始まりで，農業用水として利用されたり，養魚場としての整備が試みられたりした。池の名は大正時代の所有者の名前に由来するようだ。昭和50年から公園として整備され，現在は沼を中心とした面積約11haの公園として，春はサクラ，夏はスイレン，秋は紅葉が楽しめる市民の憩いの場として利用されている。

　鳥に関しては，池に居つくカワセミが公園利用者に親しまれているものの，系統だった生息調査は行われていないため，まだ未知の点が多い。しかし，季節ごとに散策に訪れるだけでも鳥の密度の高さがうかがえ，周囲の田園地帯も含め，多様な環境がそろった探鳥地として今後注目されるはずだ。

　基本的に森林環境であり，キビタキ，ニュウナイスズメ，コサメビタキ，センダイムシクイ，コサメビタキ，メボソムシクイなど，初夏の夏鳥渡来のころが最も楽しめる。また年間を通してヤマゲラ，コゲラ，オオアカゲラなどキツツキ類の多い場所でもあり，クマゲラも観察できる。

〔大橋弘一〕

探鳥環境

国道227号から大野農業高校を目指して進む。八郎沼公園は大野農業高校から約2km西北に位置する。沼の周囲を一周できる遊歩道のほか、沼の北側に位置する広場を取り囲む遊歩道が探鳥に適している。桜が植えられた広場にもヤマゲラなどが出てくる。

鳥情報

季節の鳥

(春・秋) ツグミ、メボソムシクイ、マミチャジナイ、コガモ、マガモ、カルガモ
(夏) キビタキ、コサメビタキ、センダイムシクイ、アカハラ、ニュウナイスズメ、コムクドリ、イカル、ウグイス、キセキレイ、ツツドリ、カッコウ、ホトトギス、カイツブリ、バン、カワセミ
(通年) シジュウカラ、ゴジュウカラ、ヤマガラ、ヒガラ、ハシブトガラ、シマエナガ、クマゲラ、アカゲラ、ヤマゲラ、オオアカゲラ、コゲラ、アリスイ、ハクセキレイ、カワラヒワ、カケス

撮影ガイド

基本的には600mm以上の超望遠レンズがベストだが、状況によっては400mm程度のズームレンズが適している場合もある。

問い合わせ先

北斗市観光協会
Tel: 0138-74-3566
http://www.hokutoinfo.com/

メモ・注意点

● 春～初夏は遊歩道や森の中にぬかるんでいる場所があるので、長靴で歩くのが無難だ。
● 近年、積雪期には観光協会が沼の西側にバードテーブルを設置するようになっており、カラ類、キツツキ類、ミヤマカケスが撮りやすい。

探鳥地情報

【アクセス】

■ 車：函館市内中心部から国道227号・道道969号利用で約19km
■ 鉄道・バス：道南いさりび鉄道「上磯駅」から函館バス大野地区方面行きで「大野農業高校通」下車、徒歩40分

【施設・設備】

■ 駐車場：あり
■ 入場料：なし
■ トイレ：あり
■ バリアフリー設備：なし
■ 食事処：周辺には飲食店はない。約3km離れた大野市街地には飲食店、スーパーなど複数あり

【After Birdwatching】

● ラッキーピエロ峠下総本店　→ p.75 参照

八郎沼の西側の芝生広場。桜の木が多く植えられており、春には花見客でにぎわう

鹿部町本別
しかべちょうほんべつ

茅部郡鹿部町　MAPCODE® 744 487 156*82（本別漁港）　MAPCODE® 744 399 519*63（鹿部漁港）

1 2 3 4 5 6 7 8 9 10 11 12

ハジロカイツブリ

　渡島半島の東海岸には漁港が点在しており、海ガモ類やカイツブリ類、アビ類などが間近に見られ、冬に興味深い探鳥ができる場所だ。その代表例が本別漁港や鹿部漁港であり、さらにこの付近では海岸沿いにコクガンの採食場があるので、併せて楽しむことができる。コクガンは函館湾が越冬地として有名だが、恵山岬から北へ回り込んだ一帯にも飛来する。函館湾と内浦湾側とを行き来しているのかもしれない。

　本別漁港や鹿部漁港などで冬に見られるのは、ハジロカイツブリやウミアイサ、スズガモ、ホオジロガモなどが多いが、時にはオオハムなどのアビ類やコオリガモなどが入ることもある。ただ、鳥密度が高いとはいえない

ので、少し北上して出来澗漁港、砂原漁港、南下して大船漁港、臼尻漁港、安浦漁港なども巡回するのがおすすめ。思わぬ出会いがあるかもしれない。とにかく冬の漁港巡りは漁港、埠頭を丹念にチェックすることだ。

　国の天然記念物コクガンは、本別付近の岩礁混じりの平磯を採食場としており、潮が引いたときがいちばんのチャンスだが、満潮時に付近の海岸で休んでいることがある。昼間は逆光になりがちな函館湾側と比べ、鹿部側は午後を中心に光線状態に恵まれるので、撮影には函館湾側よりも向いている。

　なお、出来澗崎の岩礁の海岸には夏にアオバトが飛来し、海水を飲む場所がある。

〔大橋弘一〕

探鳥環境

道の駅「しかべ間歇泉公園」を目印に進み，鹿部漁港はそのすぐ近く。本別漁港はそこから278号を約3km北上した地点。コクガンの観察ポイントは本別漁港から約200m南側の本別簡易郵便局や宝光寺付近の海岸。満潮時などはそれ以外の場所にもいることがあり，周辺の海岸を丹念に探すことをおすすめする。

鳥情報

季節の鳥／
(冬)コクガン，カワアイサ，ホオジロガモ，ハジロカイツブリ，ウミアイサ，スズガモ，コオリガモ，オオハム，オオセグロカモメ，シロカモメ，セグロカモメ，ワシカモメ

撮影ガイド／
　600mm以上の超望遠レンズを使用したい。コクガンは車窓から撮影できる状況ではなく，三脚使用で距離を置いて撮るスタイルとなる。漁港の鳥は車窓からレンズ先端を出して撮るのがよい。車から降りると鳥は飛んだり潜ったりして遠ざかってしまう。

メモ・注意点／
● 漁港は漁業者や釣り人もいるので，周囲の状況に十分注意して車で探鳥しよう。

探鳥地情報

【アクセス】
■ 車：函館市内中心部から国道5号・道道43号利用で約50kmで本別漁港
■ 鉄道・バス：JR函館本線「鹿部駅」から函館バス「鹿部出張所」行きで「中央本別」下車，徒歩1分

【施設・設備】
■ 駐車場：なし（駐車スペースは各所にある）
■ 入場料：なし
■ トイレ：なし（道の駅「しかべ間歇泉公園」を利用）
■ バリアフリー設備：あり（道の駅「しかべ間歇泉公園」の駐車スペース，トイレ）
■ 食事処：周辺にそば店あり。コンビニはない。鹿部漁港近くの道の駅「しかべ間歇泉公園」にはレストランあり

隣接する鹿部町宮浜。ここもコクガンのポイント

エゾミソハギが咲く駒ヶ岳山麓。周辺には風光明媚な場所が多い

すなざきみさき
砂崎岬

茅部郡森町 MAPCODE 490 805 169*08

| 1 | 2 | 3 | 4 | 5 | 6 | 7 | 8 | 9 | 10 | 11 | 12 |

シロハヤブサ中間形幼鳥

　かつてシロハヤブサの定期的な飛来地として知られた砂崎岬だが，2002年以降，11年の飛来空白期間があった。2013年11月から断続的に飛来記録があるので，今後の越冬復活が期待される。

　浜辺の植生はハマニンニクが多く，ユキホオジロやツメナガホオジロが毎年のように飛来しているが，1〜2羽がかなり長い期間滞在する程度で，大きな群れはあまり見かけないが，2018年2，3月には40羽前後の群れが飛来した。また最近は，灯台付近で採食するシラガホオジロの小群を見かける。これらのホオジロ類やヒヨドリ，水産加工場に群れる数千羽のオオセグロカモメ，沖に浮かぶカモ類，ウミスズメ類などを狙って猛禽類も姿を見せる。ハヤブサは灯台上で，ケアシノスリやチョウセンオオタカは防風林で待機するといった具合だ。さらに，以前牧場だった場所がかん木の茂る原野に変貌しつつあり，ノイバラの実にレンジャク類やシメ，ツグミなどが群れている。また最近はシベリアジュリン，サバンナシトドなどが確認されている。

　春秋の渡りの時期は浜辺でシギ・チドリ類を多少見かけるが，冬季以外の鳥相は以前に比べかなり貧弱となり，かつてシマアオジやオオジュリン，ホオアカなどが多数繁殖した草地には，少数のノビタキやヒバリを見かけるだけとなる。

　冬の岬は強風の日が多く，道南とはいえ，体感温度がかなり下がるので，防寒対策を十分にし，車を利用するのをおすすめする。

〔岩田真知〕

 探鳥環境

80 ｜ 砂崎岬

JR「渡島砂原駅」から20分ほどで砂崎岬入口に着く。途中の道路沿いにノイバラなどがあり、ツグミやレンジャクなど採食していることも。雪の少ないときは灯台手前まで車で入れるが、道路状況をよく確認したい。水たまりや雪が深い場合は無理をせず、歩いて浜辺まで直進し、灯台方向に歩いてみよう。ハマボウフウやハマニンニクなど踏まないように注意。

鳥情報

季節の鳥／

(春・秋) シギ・チドリ類
(冬) ハヤブサ, シロハヤブサ, コチョウゲンボウ, チョウゲンボウ, ケアシノスリ, ハイイロチュウヒ, オオタカ, コミミズク, ユキホオジロ, ツメナガホオジロ, シラガホオジロ, シベリアジュリン, サバンナシトド。冬の海ガモ類。ミツユビカモメなどカモメ類。ウミガラス, ウミスズメなど

撮影ガイド／

道路で被写体を見つけた場合, なるべく車から出ないで撮影する。ハヤブサなどには近づける個体もいるが, ユキホオジロの群れなどは近づくのが難しい。強風のときは機材に塩分が付着することもあり, 撮影後の手入れが必要。

問い合わせ先／

森町役場　観光課　Tel: 01374-2-2181
長谷智恵子氏 (七飯町大沼の野鳥ガイド)
Tel: 090-7656-0878

メモ・注意点／

- 冬季は強風の日が多く, トイレや休憩所がないので, 車の利用をおすすめする。
- 砂地や, 思いがけないぬかるみなどがあるので, 車で道路以外の乗り入れは無理をしないこと。また, 車の利用者は, 必ずJAFに加入しておこう。

探鳥地情報

【アクセス】

- 車：函館空港から国道83号・278号を道なりに北上し, 約65km
- 鉄道・バス：JR「函館駅」から函館本線砂原経由長万部行きで「渡島砂原駅」下車。砂崎入り口まで徒歩20分

【施設・設備】

道の駅「つど～る・プラザ・さわら」
- 営業期間：9:00～17:00 (売店)
- 入場料：無料
- 駐車場：あり
- トイレ：あり
- 食事処：岬の周辺に飲食施設がないので, 昼食には道の駅売店の「帆立弁当」がおすすめ

【After Birdwatching】

- 鹿部町道の駅「しかべ間歇泉公園」：国道278号を鹿部町方向に15分。ここでは食事のほかに足湯がある。鹿部町には源泉が30か所以上もあり, 温泉施設がたくさんある。
営業時間：8:30～18:00 (4月～9月),
9:00～17:00 (10月～3月), 第4月曜休館
Tel: 01372-7-5655
http://shikabe.jp/skk/

オニウシ公園 おにうしこうえん

茅部郡森町　MAPCODE 490 638 558*32

| 1 | 2 | 3 | 4 | 5 | 6 | 7 | 8 | 9 | 10 | 11 | 12 |

ベニバラウソ

国道5号の道の駅「YOU・遊・もり」に接した都市公園で、隣接する「青葉が丘公園」を合わせると、20万m²の広大な面積となる。季節を問わず訪れる人が多く、地域住民の憩いの場となっている。

オニウシ公園は桜の名所として知られ、ソメイヨシノなどの園芸種のほか、千島桜が植栽されている。この桜は開花が早く、蜜を目的にメジロが多数飛来し、カメラマンの格好の被写体となっている。夏鳥の飛来時期と開花が重なったときは、オオルリやキビタキなどが枝にとまり、桜との共演を披露して楽しませてくれる。ほかに春の渡りの時期にはビンズイやルリビタキが立ち寄り、ヤツガシラの観察例もある。花見のジンギスカン鍋の煙の上で、営巣中のコムクドリが飛び回っていたりすることも。カラ類やキツツキの仲間も多く、運がよければクマゲラを見ることもできるだろう。

冬季になると、レンジャク類やツグミがナナカマドに飛来し、イチイなどの針葉樹にはキクイタダキ、ヒガラ、イスカやベニヒワが見られ、多い年には4月上旬まで多数観察できる。ギンザンマシコが飛来したこともあるので、よく観察してみよう。

この公園のアイドルともいうべきシマエナガは、12月から頻繁に見かけるようになり、ケヤキなどの樹液や小形の昆虫、千島桜のヤニなどを対象に、おもしろい採食行動や飛翔を見せてくれる。公園には桜の芽を食べるウソも多く飛来し、アカウソも多い。ベニバラウソも稀に観察されるので、枝に注意して観察しよう。猛禽類はハイタカやコチョウゲンボウなどを見かける。

〔岩田真知〕

探鳥環境

千島桜とメジロ 5月　オオルリ

JR「森駅」から徒歩10分ほどと非常にアクセスがよい。車の場合は道の駅の駐車場を利用する。特に遊歩道などはないが冬でもメインの歩道は除雪されているので、鳥の声や双眼鏡でチェックしながら歩くのがよいだろう。ウソやシマエナガは噴水から体育館方向に多く、イスカやベニヒワは駐車場付近の松に止まることが多い。墓地方向のナナカマドにはレンジャク類やハチジョウツグミを見かける。

鳥情報

🍃 季節の鳥／
(春・夏) メジロ、ツグミ、コムクドリ、オオルリ、ルリビタキ、キビタキ、ビンズイ、ベニマシコ、クロツグミ
(冬) ウソ、アカウソ、ベニバラウソ、ハチジョウツグミ、キクイタダキ、シマエナガ、アカゲラ、ヤマゲラ、コゲラ、キレンジャク、ヒレンジャク、ベニヒワ、イスカ、シメ、ミヤマカケス、ハイタカ、コチョウゲンボウ、カラ類

🍃 撮影ガイド／
被写体が木の上方にいることが多いので、三脚より手持ちのほうが撮影しやすい。シマエナガは移動が早いので、鳴き声などで飛来を確認すればすばやく反応できるだろう。春のメジロなどの小鳥は、カメラを構えていると観光客などが興味をもって近づいてくるので、すばやく撮影しないと逃げてしまう。桜の時期は、早朝の撮影がベスト。

🍃 問い合わせ先／
森町役場　観光課　Tel: 01374-2-2181

⚠️ メモ・注意点／
- 桜祭りの期間(5月上旬)は混むので、日中の観察は不向き。
- 冬季の探鳥の際、メインの道は除雪されるが、長靴などの雪の備えは十分にしておくこと。
- 探鳥会開催やガイド依頼は「森と海の情報センター」の岩田真知氏まで (Tel: 090-8272-8731、問い合わせは18時以降)

探鳥地情報

【アクセス】
- 車：函館空港から、道の駅「YOU・遊・もり」まで国道248号・5号を経由して約50km
- 鉄道・バス：JR「函館駅」から「森駅」まで特急「北斗」「スーパー北斗」で約40分、函館本線砂原経由長万部行きで約1時間30分

【施設・設備】
道の駅「YOU・遊・もり」
- 営業期間：9:00～17:30(3/21～10/20)、9:00～17:00(10/21～3/20)、年末年始休館
- 入場料：無料　駐車場：あり
- トイレ：あり(営業時間中)。身障者用トイレあり
- 食事処：駐車場内の別館に食堂あり。営業時間11:30～17:00(水曜定休)。名物のいかめしやあげいも、ほたてザンギなどが食べられる。テイクアウトも可能。「ロードオアシスふれあい」(展望物産館プラザ2F)
営業時間：11:00～17:00、木曜定休(変更あり)。いかめしやめん類、丼ものを扱う

[After Birdwatching]
- レストラン「光輝」：「YOU・遊・もり」から車で5分。オーナーの加藤秀樹氏は野鳥写真家でもあり、食事をしながらオニウシ公園の野鳥情報を教えてもらえる。正午ごろは混むので、時間をずらすのがよい。店内には野鳥写真も展示されている。茅部郡森町字森川町278-63　Tel: 01374-2-4790

遊楽部川

ゆうらっぷがわ

二海郡八雲町　MAPCODE 687 633 336*00

サケを食べるオオワシ

　渡島半島の東部，噴火湾に流入する遊楽部川は，アイヌ語で「温泉が下る川」という意味。多くの魚類が生息し，遡上するサケの魚体の大きさは有名だ。中下流域は冬季になるとワシ類が飛来し，河口部は渡り鳥の休息地となっている。

　JR八雲駅を背に直進し，国道5号を左折した先にある八雲大橋の歩道から河口部が一望できる。橋の前後には河川敷沿いに道路があり，海岸に出られる。春～秋にホウロクシギなど，多くのシギ・チドリ類やカモ類が飛来し，カワセミやミサゴのダイビングも見られる。低気圧の通過後などはトウゾクカモメ類やクロツラヘラサギ，コアホウドリ，コウノトリなどが現れることもある。海岸沿いの池に足を伸ばすとアオアシシギ，ダイゼン，ムナグロ，セイタカシギなどが採食し，ハリオアマツバメが飛び回っているところが見られるだろう。

　冬季はベニヒワ，ユキホオジロ，ツメナガホオジロを探す。これらの鳥は頻繁に飛び立つので，遠くからも発見しやすい。タゲリやヒメハジロなどが見られることもある。また海岸にクロヅルが飛来し，サケなどを食べてしばらく滞在したこともある。

　オジロワシやオオワシは，11月中旬に上～中流域に飛来し，1月まで多数が越冬する。国道277号と42号が交わる交差点付近から今金・せたな方向に進み，セイヨウベツ橋付近に駐車スペースがあるのでここで観察するのがおすすめ。ヤマセミやカワアイサ，カモ類，そしてクマタカも姿を見せることがある。ワシ類は道東の根室や羅臼などと違い，人慣れしていないので，接近しすぎないよう注意し，なるべく物陰や車内から観察したい。

　市街地に近い牧場や農地にはミヤマガラスやコクマルガラスが群れていることがあり，ハイタカやコチョウゲンボウが見られることもある。

〔岩田真知〕

 探鳥環境

クロヅル

夏季は八雲大橋の両端から浜辺に向かう道路2本(どちらでも可)を進み、河川敷や沼・海岸をチェックする。冬季は国道277号を上流方向に進み、信号を右折、道道42号を、今金・せたな方向に進み、駐車ポイントがあれば停めてヤマセミやワシ類などを探す。時間があれば夏季と同じコースもチェックするのもよいが、雪が多い場合、無理して入らないこと。

鳥情報

🔎 季節の鳥／

(夏) ノビタキ，カワセミ，トウゾクカモメ，カンムリカイツブリ，アカエリヒレアシシギ，セイタカシギ，オオソリハシシギ，ホウロクシギ，コチドリ，ミヤコドリ，キョウジョシギ，ムナグロ，ダイゼン，タゲリ，ミサゴ，
(冬) オジロワシ，オオワシ，コチョウゲンボウ，ケアシノスリ，コミミズク，タゲリ，コクガン，ヒメハジロ，タヒバリ，ユキホオジロ，ツメナガホオジロ，ミコアイサ，シロカモメ，ベニヒワ
(通年) ハヤブサ，ヤマセミ，クマタカ，オオタカ，ハイタカ，カワアイサ

🔎 撮影ガイド／

夏も冬も開けた場所なので、超望遠レンズと三脚が使える。ただ、ミサゴが頭上に来たり、ハリオアマツバメなど高速で飛び回る被写体も多いので、手持ち撮影の準備もしておこう。

🔎 問い合わせ先／

八雲町観光課　Tel：0137-62-2111
http://www.yakumo-okanoeki.com
ホームページでは、ワシ類の撮影ポイントが掲載されたマップもPDFで配布している。

❗ メモ・注意点

● 探鳥会情報やガイド依頼は「森と海の情報センター」の岩田真知氏まで (Tel: 090-8272-8731, 問い合わせは18時以降)

探鳥地情報

【アクセス】

■ 車：「八雲IC」を降りると遊楽部川沿いに出る。函館から国道を利用する場合は、国道5号で約76km

【施設・設備】

■ 駐車場：なし　■ トイレ：なし
■ 食事処：「噴火湾パノラマパーク」
八雲ICを降りてすぐ看板があり、看板に従って国道5号方面へ10分ほど進むと噴火湾パノラマパークに到着する。食事やトイレはここで済ませるようにしよう。また、「丘の駅」では観光案内のほか、名産品も取り扱っている。

【After Birdwatching】

● 北海道人気温泉ランクの上位に入る銀婚湯温泉や、北海道らしい風景が広がる育成牧場と北海道最古のサイロ、日本唯一の「木彫り熊資料館」など。八雲町観光課にパンフレットを送ってもらうか、「北海道八雲町」で検索し、お気に入りのポイントを探すのもよいだろう。

遊楽部川上流。遊楽部川は上流から河口まで広いポイントがあるので、車の利用がおすすめ

しりべしとしべつがわ
後志利別川

久遠郡せなた町　MAPCODE 809 311 499*00

| 1 | 2 | 3 | 4 | 5 | 6 | 7 | 8 | 9 | 10 | 11 | 12 |

ケアシノスリ

　後志利別川は、瀬棚郡今金町北東部、長万部町との境界にある長万部岳付近に源を発し、美利河ダムを経て日本海に注ぐ一級河川である。国土交通省が実施する「水質が最も良好な河川」に選ばれた回数は、現在のところ日本の一級河川で最多となっている。

　河口付近にかかる橋の両側から海岸に向かう道路があり、これを利用しての探鳥となる。川はカワヤツメ、アユ、ウグイ、フクドジョウなど魚種が豊富で、アオサギやダイサギなどサギ類の格好の採食場となり、夏季にはアマサギやヘラサギを見かけることもある。シギ・チドリ類は河口付近の砂州に多く、春はタゲリの群れやダイシャクシギ、セイタカシギなどが休む姿を見られるだろう。猛禽類では海岸の岩場にハヤブサがいたり、ミサゴが頻繁に姿を現したりする。そのほかにはヤツガシラが姿を見せたこともある。

　付近の田畑には、大陸から飛来したタンチョウやナベヅルがたたずんでいるときもあるし、秋〜冬にコミミズクやコチョウゲンボウも見られる。道路と川の間には広い草地があり、夏はコヨシキリ、冬はアトリやベニヒワなどを見ることもある。

　車で数分走った先の浮島公園もぜひチェックしたい。ここには沼を周遊する歩道があり、春にはミズバショウやエゾノリュウキンカが咲き誇る。歩道沿いを歩けば、シマエナガやクロツグミ、クマゲラなどに出会えることもあり、以前はアカショウビンが多数生息していたが、残念なことに最近は声を聞かない。付近の山間地にシロフクロウが飛来したこともあり、道南探鳥の穴場として注目されている。

〔岩田真知〕

探鳥環境

市街地からすぐなので，まずは車で河口付近の橋まで行こう。河口付近の橋まで出たら，海に向かって左側の道を進み，奥の駐車場までで鳥を探す。駐車場から中州や対岸が見渡せるので，双眼鏡でお目当ての鳥を探そう。気配がない場合は，来た道路を戻って川沿いに進み，次の橋を右折して「浮島公園」へ向かってみよう。

鳥情報

🐦 季節の鳥／
(春・夏) タゲリ，ホウロクシギ，ミユビシギ，コオバシギ，メダイチドリ，シロチドリ，ムナグロ，オオソリハシシギ，モズ，アマサギ，ヘラサギ，エゾライチョウ，ミサゴ，オオタカ，アマサギ・コサギ，カワセミ，ノビタキ，ホオアカ
(秋・冬) コミミズク，コチョウゲンボウ，ベニヒワ，アトリ，ハヤブサ，ケアシノスリ，ミヤマガラス，コクマルガラス

🐦 撮影ガイド／
河口周辺は広く見渡せるので，三脚つきの望遠レンズが活躍する。水辺に近づきすぎないよう注意。浮島公園は手持ちで十分。シマエナガなどは近くまで来てくれるし，ミズバショウなど美しい花の時期は景色も入れて写したいので，最短距離の短いズームレンズがおすすめ。

🐦 問い合わせ先／
せたな観光協会
Tel: 0137-84-6205
http://setanavi.jp

ヘラサギ

探鳥地情報

【アクセス】
■ 車：八雲町立岩の国道277号まで国道5号と道央自動車道を進み，「八雲IC」で道央自動車道を出る。道道42号・263号・232号を経由して130km

【After Birdwatching】
- 温泉ホテルきたひやま：民泊が多い地域だが，北桧山には手ごろな値段で宿泊と温泉が楽しめるホテルがある。レストランは昼も利用でき，お土産や地域の特産品が売店に豊富にそろっている (Tel: 0137-84-4120)
- 瀬棚区の「三本杉岩」や大成区の「親子熊岩」「マンモス岩」など，海岸に展開する奇岩を鑑賞しながらのドライブが楽しい。春先には渡り途中のヤツガシラなどがいるかもしれない。双眼鏡はすぐ出せるようにしておこう。

⚠ メモ・注意点／
- 浮島公園や付近の山間部はヒグマの生息地帯。事故も発生しているので，事前に出現情報を必ず確認しておくこと。後志利別川河口周辺はヒグマの出現情報は今のところないが，川の水量の多い時期は散策する際も注意が必要だ。
- 探鳥会情報やガイド依頼は「森と海の情報センター」の岩田真知氏まで (Tel: 090-8272-8731，問い合わせは18時以降)

しずかりしつげん
静狩湿原

山越郡長万部町　MAPCODE 521 294 366*82

| 1 | 2 | 3 | 4 | 5 | 6 | 7 | 8 | 9 | 10 | 11 | 12 |

ノビタキ

　かつて噴火湾（内浦湾）沿いには大小の湿原が点在していたというが，今ではその大半が消失してしまった。静狩湿原はその面影をわずかに今に伝える存在となっている。

　低標高地としては珍しい高層湿原として，大正時代には東の霧多布湿原と並んで国の天然記念物に指定された。海霧の影響で夏でも冷涼なため，特にミズゴケの生育が豊かな湿原が発達したものと考えられている。しかし昭和に入って戦時の国策により，食糧増産のための農地開拓の必要性から，天然記念物指定が部分的に解除され，ついに昭和26年には完全に天然記念物指定が取り消された経緯がある。人と時代に翻弄され，今では往時の約1/10にまで湿原面積が減ってしまっている。実際現地を訪れると，湿原には見えず，草原が広がっているだけのように見える。しかし，草原性の鳥たちの繁殖地としての魅力は今も十分に残っていると感じる。

　6〜7月の繁殖期にはノビタキ，コヨシキリ，ベニマシコ，ホオアカ，オオジュリンなどが密度高く生息し，歌声を存分に聞かせてくれる。ツメナガセキレイが目撃されたこともあった。チュウヒが低く飛ぶ姿やオオジシギの派手なディスプレイフライトを見ることも稀ではない。近年めっきり減ったアカモズの姿を見たこともあった。西側には森があり，湿原に隣接する林縁ではアカハラ，クロツグミ，アオジ，コムクドリなどが見られ，さえずりも聞こえる。

〔大橋弘一〕

 探鳥環境　

JR「静狩駅」の南西側、太平洋とオタモイ山の間の平地一帯が静狩湿原。現地の道路は直線状の農道で、十号農道、十三号農道などと番号が付けられ、道路標示も出ている。その農道をゆっくりと車を走らせながら鳥を探すのがよい。

鳥情報

季節の鳥／
（夏）ノビタキ、ホオアカ、コヨシキリ、オオジュリン、ベニマシコ、カッコウ、アリスイ、オオジシギ、カワラヒワ、モズ、アカモズ、チュウヒ、ショウドウツバメ、チゴハヤブサ、オオタカ、アリスイ、コムクドリ

撮影ガイド／
600mm以上の超望遠レンズが望ましい。基本的には車を停めて窓からレンズを出して撮るスタイルが向いているが、状況によっては車を降り、三脚をすえてじっくり撮ることも可能。その場合も焦点距離の長いレンズが有利だ。

問い合わせ先／
長万部観光協会 Tel: 01377-6-7331
http://www.osyamanbe-kankou.jp/

メモ・注意点
● ノビタキやオオジシギなどは地上に営巣するので、卵や雛を踏みつぶしたりしないよう、湿原内への立ち入りは厳禁。農道から十分に観察・撮影できる。

探鳥地情報

【アクセス】
■ 車：新千歳空港から道央自動車道「豊浦IC」・国道37号で約150km
■ 鉄道・バス：JR室蘭本線「静狩駅」下車、徒歩約1時間（探鳥時にも車を使うので、レンタカーなど車を利用することをおすすめする）

【施設・設備】
■ 駐車場：なし（駐車スペースは各所にある）
■ 入場料：なし
■ トイレ：なし
■ バリアフリー設備：なし
■ 食事処：周辺には飲食店もコンビニもない。約10km離れた長万部市街には飲食店もコンビニも複数ある

モウセンゴケ

静狩湿原の道端に咲くエゾカンゾウ

column

北海道の防寒対策

文・写真●川崎康弘

　本州以南の人が北海道で探鳥する際，心配なのは，やはり「冬の寒さ」ではないだろうか。レンタカーで移動しながら探鳥地を巡る場合は，寒くなれば車内で暖をとればよいので心配は少ないが，真冬の海岸で長時間寒風にさらされながら小さなカモメを探すとか，重い機材を担ぎ，徒歩で長距離を移動しながら鳥を……というようなストロングスタイルの場合は，冬山登山並みの装備を検討したほうがよい。

　まず極寒の地で大切なのは，「末端を冷やさない」ことである。頭・手・足が冷えると集中力が落ちて鳥を見るどころではなくなってしまうし，冷え込みが厳しい場合は霜焼けを通り越して凍傷になるおそれもある。防風・保温性能に優れた素材で身を包んだうえで，耳までしっかりカバーする帽子をかぶり，厚手の手袋と防寒ブーツで臨もう。スノースポーツ用のバラクラバ（目出し帽）は頭部から首筋までを保温でき，おすすめである。

バラクラバ（目出し帽）は保温性が高くおすすめだ

　また，最近は使い捨てカイロの性能もかなりよくなってきているので併用してもよいだろう。長時間じっと待つような時には，靴の中に入れるタイプも案外役に立つ。こうした防寒着や小物類などは来道後に必要に応じて現地調達するとよい。ホームセンターや釣具店などは小さな

極寒の北海道。吹雪いていることも珍しくない

町にもあることが多く，防寒グッズが充実していて重宝する。

　このほか，気をつけたいのは携帯電話のバッテリー対策である。北海道は電波が届かないエリアが多くあり，「カバー率100％！」などとうたっていても，あくまで人がいるエリアのことなので，人が住んでいない郊外は使えないことが多い。通話できないのはあきらめがつくが，要注意なのがバッテリーである。圏外のエリアでは電源を切るか機内モードにしておかないと，端末がいつまでも電波を探し続けてしまうため，あっという間にバッテリーが消耗してしまう。念のため，予備のバッテリーを多めに持っておくとよいだろう。レンタカーで移動する場合は，車内で充電できるよう備えをしておこう。

いろいろな部位別のカイロを使い分けると効果もアップする

モバイルバッテリーは多めに持っておくとよい

しずないがわかこう
静内川河口

日高郡新ひだか町　MAPCODE 551 015 413*45

1	2	3	4	5	6	7	8	9	10	11	12
■	■	■							■	■	■

オオハクチョウ

　静内川は，日高山脈のほぼ中央部に源を発する全長約68kmの大河だ。河口は新ひだか町の東側，旧静内町の市街地近くで太平洋に注いでいる。河口近くの川幅は最大300mほどもあり，ゆったりとした流れが多くの鳥たちの生息に適した環境を作り出している。

　静内川河口を代表する鳥はオオハクチョウだ。静内川は河口付近に伏流水の湧出する場所があるため冬も結氷せず，町民や観光客が鳥に餌やりができる場所（いわゆる「観光餌付け」場所）であることから，北海道の河川としては最大規模のハクチョウ類越冬地となっている。ここで越冬するオオハクチョウの個体数は年による変動が大きいが，多い年には300羽を超え，少ないシーズンでも数十羽を数える。亜種アメリカコハクチョウが11年連続して渡来し，話題になったこともある。

　オオハクチョウのほかにヒドリガモやオナガガモなどの淡水ガモ類，ホオジロガモなどの海ガモ類，ユリカモメなどのカモメ類も多数集まってくる。また，オジロワシなど猛禽の姿が見られることも少なくない。

　例年12月〜3月ごろまでがオオハクチョウが集結する時期で，初認は10月下旬〜11月ごろ，終認は3月下旬〜4月中旬ごろとなることが多い。オオハクチョウは静内川から約1km西方の市街地の小河川，古川にもたびたび現れる。また，近年は静内地区がマガンの最北の越冬地となっているが，マガンたちは凍結しない静内川河口をねぐらとして利用している。

〔大橋弘一〕

 探鳥環境

92 ｜ 静内川河口

静内川河口にあった渡船場の跡

国道235号を静内警察署付近から斜め左に入り、直進すれば静内川右岸の「白鳥広場」で、ここが探鳥場所。観光客などの餌付け行為により、鳥たちが眼前に集まってくる。双眼鏡さえ不要だ。

鳥情報

🌱 季節の鳥／
(春・秋) アオアシシギ，ソリハシシギ，ハマシギ，トウネン，キアシシギ，シジュウカラガン，ハクガン
(夏) ヒバリ，アオサギ，ダイサギ，コチドリ，カワセミ，ツバメ，ショウドウツバメ，コヨシキリ，バン，オオジシギ
(冬) オオハクチョウ，コハクチョウ，コガモ，ヒドリガモ，マガモ，オナガガモ，カワアイサ，ウミアイサ，ホオジロガモ，ビロードキンクロ，オオワシ，オジロワシ，ユリカモメ，シロカモメ，ミツユビカモメ，オオセグロカモメ，ハイイロチュウヒ，マガン

📷 撮影ガイド／
冬の右岸「白鳥広場」ではオオハクチョウをはじめ近寄ってくる鳥たちを撮るなら望遠レンズは不要で、標準ズームレンズがいいだろう。広角レンズを使うのもおもしろい。近寄ってこない鳥たちを撮るには400mm以上の焦点距離が欲しい。

❓ 問い合わせ先／
新ひだか観光協会　Tel: 0146-42-1000
http://shinhidaka.hokkai.jp/kankoukyoukai/poppo.html

❗ メモ・注意点／
● 従来、右岸の「白鳥広場」に観光協会が給餌箱を設置して餌やりが行われてきたが、生態系への影響や鳥インフルエンザ予防の観点から、2015シーズンから給餌箱の設置が見合わされた。そのためか越冬するオオハクチョウ個体数も減少傾向が見られる。

探鳥地情報

【アクセス】
■ 車：新千歳空港から道央自動車道・日高自動車道を利用、「日高門別IC」より国道235号で約90km
■ 鉄道・バス：JR日高本線「静内駅」から道南バス「清水丘公園前」方面行きで「みらい前」下車、徒歩約4分 (JR日高本線は運休が続いている。代替バス利用）http://www.jrhokkaido.co.jp/index.html

【施設・設備】
■ 駐車場：あり
■ 利用時間：24時間
■ 入場料：なし
■ トイレ：あり (約800m上流側の「静内川右岸緑地」)
■ バリアフリー設備：なし
■ 食事処：隣接する静内の市街地には飲食店・コンビニ多数あり

【After Birdwatching】
● 真歌公園：静内川左岸の丘の上にある公園展望台。静内市街地を一望するビュースポットであるだけでなく、その昔、アイヌの砦があった場所。公園敷地内にアイヌ民俗資料館や記念館があり、北海道の古い時代の歴史に触れることができる。

右岸には「静内川緑地」の案内板がある

様似漁港

さまにぎょこう

様似郡様似町

MAPCODE 712 425 812*43

1	2	3	4	5	6	7	8	9	10	11	12
■	■	■	■	■					■	■	■

シノリガモ

　日高地方の太平洋側には，海鳥観察に適した漁港が点在している。冬季を中心に春先まで海ガモ類，カイツブリ類，アビ類などが観察され，それらを探して港を巡るのは思いのほか楽しく，時には思いがけない鳥に出会えるかもしれないおもしろさもある。ここではそうした楽しみ方ができる場所の代表例として，様似漁港を紹介する。

　襟裳岬から約40km西北に位置する様似漁港には，西側に「ソビラ岩」，東端に小山のような「エンルム岬」がそびえており，この2つの岩に挟まれた独特の景観が特徴だ。文字通り自然の地形を生かした"天然の良港"である。様似沖は日高沿岸でも特に魚種が豊富な海と言われ，この様似漁港では，シノリガモ，スズガモ，ウミアイサなど潜水して魚を捕るタイプの海鳥が多いことと関連があるかもしれない。港内で特に海鳥が多いのはソビラ岩付近で，岩が太陽光を遮ってくれるためか水の色が美しいエメラルドグリーンに見えることもほかの漁港にはない特徴だ。

　エンルム岬側の様似郷土館周辺の松並木にはイスカの群れがやってくることがある。

　これら漁港とその周辺の探鳥は冬から春先までがシーズンだが，エンルム岬にはオオセグロカモメのコロニーがあるほか，夏鳥のイソヒヨドリが多く，夏の楽しみもある。また，様似町の海岸沿いには夏場，アオバトが海水を飲みに来る岩礁が何か所かあり，ハヤブサがアオバトを襲う場面も見られる。〔大橋弘一〕

 探鳥環境

エンルム岬の板状節理　　　　　　　　　　　　親子岩の西側に沈む夕日

国道336号から様似漁港へ向かうと、ソビラ岩の威容が目に入る。その周囲に車を進ませるとシノリガモやスズガモが多数浮かんでいるだろう。ソビラ岩の南側に回り込めば港を南側から見る形となり、順光で鳥を見ることができる。

鳥情報

季節の鳥
(冬)シノリガモ，スズガモ，キンクロハジロ，ホオジロガモ，クロガモ，オオハム，オオセグロカモメ，シロカモメ，セグロカモメ，ワシカモメ，ウミウ，ヒメウ，ウミアイサ，ハジロカイツブリ，オジロワシ，オオワシ，ツグミ，イスカ

撮影ガイド
鳥を探しながら車を進ませ、窓を開けて撮るスタイルで撮影したい。レンズは600mm以上だと万全だ。思いがけず鳥が岸壁の近くに来たときは、300～400mm程度のズームレンズに持ち替えればよい。

メモ・注意点
● 港湾関係者や釣り人の車両はそれほど多いわけではないが、鳥に夢中になっていると気づかない可能性もあるので、港内の運転には充分注意しよう。

様似漁港のすぐ近くにある様似郷土館

探鳥地情報

【アクセス】
■ 車：新千歳空港から道央自動車道・日高自動車道を利用、「日高門別IC」より国道235号で約150km
■ 鉄道・バス：JR日高本線「様似駅」から徒歩約20分（JR日高本線は運休が続いており、代替バス利用のこと）
http://www.jrhokkaido.co.jp/index.html

【施設・設備】
■ 駐車場：なし(車を停めるスペースは随所にあり)
■ 利用時間：24時間
■ 入場料：なし
■ トイレ：なし
■ バリアフリー設備：なし
■ 食事処：約1km離れた様似町市街地には飲食店多数あり・コンビニ複数あり

【After Birdwatching】
● 蝦夷三官寺・等澍院：江戸幕府が建立した天台宗の寺で、「蝦夷の三官寺」のひとつ。町の文化財に指定されている歴史的な仏像や古文書があり、開拓期以前の北海道の歴史を伝える史跡としての価値も高い。拝観・見学には事前問い合わせが必要。
Tel：0146-36-2263
● 親子岩：海岸風景の美しい場所として、様似町民に親しまれている景勝地。特に夕日が沈む時間帯は、カメラマンにも人気のスポットとなる。

えりもみさきしゅうへん
襟裳岬周辺

幌泉郡えりも町，広尾郡広尾町　MAPCODE 765 014 888*77

シノリガモ

　日高山脈が南へ向かうにつれ標高を落とし，最終的に岩礁帯として海に沈んでゆくのが襟裳岬だ。風速10m以上の風が年間260日以上吹く「風の岬」は国内最大のゼニガタアザラシ生息地としても名高い。海鳥を中心に多くの鳥が隣の広尾町も含めた周辺の海岸・海上に飛来する。

　それらを最も楽しめるのは冬だ。多くの漁港があり，クロガモ，ヒメウ，オオハム，時にハシジロアビ，ハシブトウミガラスなどの海鳥を至近距離で観察できる。いつどこに何が出るかわからないのが漁港探鳥の特徴だ。なるべく多くの港を回るとよいが，時間が限られるならえりも漁港，庶野漁港，十勝港あたりはハズレが少ない。海鳥を間近に観察できる機会はそうないので行動や羽衣をじっくり観察しよう。岬・海岸からの観察もまた楽しい。広尾町へ続く黄金道路（名前のとおり建設に莫大な費用を要した）沿いは荒波砕ける磯が続き，シノリガモをはじめ海ガモ類やカモメ類を間近に見られる。ワシカモメの多さは国内でも有数。山側の上空や樹上にはオオワシ，クマタカなどが姿を現す。

　秋もおもしろい。南へ大きく突き出した岬からはホオジロ類，ツグミ類，カラ類といった小鳥，ハイタカなどが渡ってゆく。ピーク時は夜にも小鳥やカモ類の声が降り注ぐ。夏は岬の沖をミズナギドリ類，ウトウの群れが通過し，クロアシアホウドリやエトピリカの記録もある。豊似湖方面へ足を伸ばせばクマゲラなど山の鳥やナキウサギとの出会いを期待できる。ケワタガモ，チシマシギ，ミドリツバメといった珍鳥も少なからず出現している。

〔千嶋 淳〕

黄金道路とオオセグロカモメ

冬はなるべく多くの漁港を巡ろう。水面だけでなく船を上げ下げするスロープ（斜路）もポイントだ。襟裳岬はできるだけ先端から観察したいが、強風時には「風の館」の中から見るのもよい（入館料が必要）。ほかに歌別川河口、百人浜、豊似湖など、道央〜道東の移動時に立ち寄れるのも魅力。

鳥情報

🍃 季節の鳥／
(通年) シノリガモ，ヒメウ，ウミウ，オオセグロカモメ，ハヤブサ
(冬) コクガン，ビロードキンクロ，クロガモ，ホオジロガモ，ウミアイサ，ミミカイツブリ，オオハム，ハシジロアビ，ワシカモメ，ハシブトウミガラス，オジロワシ，オオワシ，ケアシノスリ
(夏) ハイイロミズナギドリ，ウミネコ，ウトウ，イソヒヨドリ
(秋) オオミズナギドリ，ミツユビカモメ，ハイタカ，ノスリ

📷 撮影ガイド／
漁港では300mm以上のレンズがあれば十分。焦点距離が長すぎると逆に鳥が入りきらないことも。撮影は車内あるいは低姿勢で心がけたい。潜水性の海鳥は潜水中に距離を縮めると効率的に接近できる。岬からの海鳥はスコープで見ても「点」なので撮影は困難。デジスコを使えば証拠程度には残せる。

⚠️ メモ・注意点／
● 漁港では魚の水揚げ・運搬の邪魔にならないよう十分注意。岸壁からの転落にも気をつけ、高波・高潮時には近づかないこと。岬の風は本当に強いので転倒や転落にも気をつけたい。石を敷き詰めたコンブ干し場には絶対立ち入らない。黄金道路は荒天時にしばしば通行止めとなり、開通していても道路が波をかぶるのは普通。冬はそれらの凍結にも注意。路幅が狭いので極力パーキングに駐車し、後続・対向車の確認を忘れずに。

探鳥地情報

[アクセス]
■ 車：帯広から広尾自動車道を利用して約130km。日高側からは日高自動車道「日高門別IC」より約130km。
■ バス：ジェイ・アール北海道バス様似〜広尾間のバスは襟裳岬に停車するが本数が少なく、一部区間だけの便もあるので事前に確認。えりも本町（岬から約15km）と札幌間にはジェイ・アール北海道バスの高速バスが1日1往復ある。要予約

[施設・設備]
■ 駐車場：襟裳岬にあり（無料）。黄金道路には小規模なパーキングやパーキングがある（無料）
■ トイレ：襟裳岬、えりも漁港などにあり
■ バリアフリー設備：なし
■ 食事処：襟裳岬、えりも市街、広尾市街に飲食店やコンビニあり

[After Birdwatching]
● 岬ではゼニガタアザラシ以外にゴマフアザラシやラッコ、カマイルカも見られる。海獣ウオッチングも楽しみたい。風の館では風やアザラシに関する展示、強風体験などが楽しめる。
● えりも市街の郷土資料館「ほろいずみ」・水産の館は、地元の自然や文化、漁業に関する展示が充実している。伐採などで砂漠化した百人浜の緑化事業の概要はえりも緑化資料館みどり館で知ることができる。海産物や短角牛も味わおう。

とかちおき
十勝沖

十勝郡浦幌町　　　　　MAPCODE 921 803 352*12

1 2 3 4 5 6 7 8 9 10 11 12

コアホウドリ

　離島や岬のない十勝は海鳥のイメージが薄いが，沖合には豊かな海の動物たちの世界があることが近年わかってきた。野鳥観察のための定期運航は行っておらず，人を集めての用船が必要なものの，それに見合うだけの価値はある。

　船は浦幌町厚内漁港から出航する。4月中旬，洋上から望む日高山脈がまだ純白なころ，南半球からハシボソミズナギドリが到着する。5月は渡りの季節。鮮やかな夏羽のアビ類やヒレアシシギ類が続々と渡ってゆく。その後はアホウドリ類，ミズナギドリ類が多くなり，カンムリウミスズメやコシジロウミツバメも現れる。学名が「悪臭のするカモメ」に由来するフルマカモメの群れに突入する時に感じる強烈な臭気は，小型船ならではの醍醐味といえる。コシジロアジサシを狙うなら8月下旬。オオトウゾクカモメもこの時期が見やすい。10月上旬まで見られたオオミズナギドリの大群が南下すると，いよいよワミスズメ類や海ガモ類の季節。初冬のウミスズメに続き，ハシブトウミガラス，コウミスズメなどが姿を現す。年によって流氷の流れ込む2〜3月にはエトロフウミスズメの群れも。一年を通じて南北からの海鳥が行き交う「交差点」だ。

　鳥以外も楽しい。ザトウクジラなどの鯨類，群れで魚を追うカマイルカ（とそれを追うミズナギドリ類），惰眠を貪るキタオットセイ，畳ほどもあるマンボウなど，海の動物たちとの出会いを堪能したい。

　春秋には多くの陸ガモ類や小鳥が海上を渡っているのにも驚かされる。〔千嶋 淳〕

探鳥環境

船上からの観察となるため決まったコースはない。その日の風や波の状況によって行ける範囲は異なるが、船頭の判断には必ず従うこと。船では舳先近くが観察しやすいが、船尾付近は波をかぶりにくく、揺れも弱い穴場。

鳥情報

🌱 季節の鳥／
(春・秋) カイツブリ類, アビ類, ハシボソミズナギドリ, ヒレアシシギ類, トウゾクカモメ類, ウミスズメ
(初夏〜秋) コアホウドリ, クロアシアホウドリ, フルマカモメ, ハイイロミズナギドリ, コシジロウミツバメ, コシジロアジサシ, カンムリウミスズメ, ウトウ, オオミズナギドリ, ミナミオナガミズナギドリ
(冬) 海ガモ類, ハシブトウミガラス, ケイマフリ, ウミオウム, コウミスズメ, エトロフウミスズメ

📷 撮影ガイド／
エンジンの震動やうねり、他の観察者に対しての危険もあり、三脚・一脚は使用不可。200〜400mm程度のレンズを手持ちで使う。ISOを上げてでも1/1600以上のシャッタースピードを確保したい。ミズナギドリ類など暗色でコントラストを欠くものはAFでのピントが合いづらい。波をかぶるのでビニールなどで防水を施す人もいるが、機動性は落ちる。

✉ 問い合わせ先／
用船時には道東鳥類研究所(千嶋 淳)に要相談。Tel: 090-4871-9480　pvstejnegeri_yoidore@dance.ocn.ne.jp

❗ メモ・注意点／
● 船の急な揺れに備え、足場やつかまる場所を確認しよう。乗降時も転落などに注意。夏はジリと呼ばれる雨のような濃霧が多い。冬の体感温度は陸地よりはるかに低いので、十分すぎるくらいの防寒で臨むこと。

探鳥地情報

【アクセス】
船の出る厚内漁港まで
■ 車：帯広から国道38号を利用して約70km、または釧路から約60km
■ 鉄道：JR根室本線「厚内駅」より徒歩約10分

【施設・設備】
遊漁船をチャーターするので事前の調整が必要。用船料は時間や距離にもよるが7万円前後が目安(定員13人)
■ 駐車場：港や駅に駐車可能
■ トイレ：厚内駅、港、船にあり
■ バリアフリー設備：なし
■ 食事処：最寄りのコンビニは浦幌市街(車で約15分)。厚内駅前に商店はあるが早朝は開いていない。事前に予約しておけば下船後に番屋で旬の魚介類を食べさせてくれる

【After Birdwatching】
● 十勝川下流域(102ページ)まで車で約30分。途中の海岸線でも海ガモ類、アビ、ハヤブサなどを観察できる。浦幌市街のレストランではミートスパゲッティに豚カツを豪快に乗せた「スパカツ」がおすすめ。浦幌から車で約30分の山中にある留真温泉はアルカリ性の美肌の湯で、冬にはクマタカ、ヤマセミ、アオシギなども期待できる。

ゆうどうぬま
湧洞沼

中川郡豊頃町 MAPCODE 699 289 272*22

| 1 | 2 | 3 | 4 | 5 | 6 | 7 | 8 | 9 | 10 | 11 | 12 |

シマセンニュウ

　十勝川河口から南の海岸線にはいくつもの湖沼が点在し，その多くがかつての湾や入り江が川からの土砂などで海と隔てられた海跡湖（かいせきこ）だ。その中でも周囲17.8kmと最大の湧洞沼はほとんど観光地化されておらず，十勝海岸の自然を満喫できる穴場。隣接する長節湖や生花苗沼（おいかまないぬま）とともに海と湖を隔てる砂丘が増水で決壊すると干潟，浅瀬が広く現れる一方，繋がっているときの水位は高い。水域以外にも湿原，海岸草原，森林と環境は多様で190種近い鳥が記録されている。

　国道336号から海側を目指し，早春にミズバショウが地表を白く彩る湿性林を抜けると右側に湧洞川河口の湿原と水面が見える。ここから先が水鳥ポイントで，観察種は水位により大きく異なる。春秋に干潟が広がれば淡水ガモ類，シギ・チドリ類，ユリカモメなどが群がり，100羽以上のオグロシギが飛来することも。増水時は潜水ガモ類やハジロカイツブリ，カモメ類が多い。夏はアカエリカイツブリ，ヨシガモ，オオバンなどが繁殖し，湿原ではタンチョウ，チュウヒも見られる。森林にはアオバトやツツドリのさえずりが響く。

　夏のおすすめは海岸草原。エゾカンゾウ，ハマナス，オオハナウド……と色とりどりの花が絢爛（けんらん）に咲き誇り，その頂でシマセンニュウ，ノゴマ，オオジュリンなど草原性の小鳥が自慢のさえずりで太平洋の潮騒と競い合う中に身を置くのは至福のひとときだ。晩秋にはこれらに代わりケアシノスリ，コチョウゲンボウといった猛禽類が飛び交う。海上にはクロガモ，アビなど海鳥も観察できる。ヘラサギ，ミヤコドリ，オニアジサシほか珍鳥の記録も多い。　　　　　〔千嶋 淳〕

 探鳥環境

夏羽が鮮やかなアカエリカイツブリ

国道336号の湧洞十字路を海側へ進むと約10分で右側に水面が見える。道路からの観察が基本。干潟・浅瀬に水鳥が多いときは海と出会う直前の半島先端部から見やすいが、半島内の道は未舗装で、時に倒木や水たまりもあり注意。草原性の小鳥や猛禽類を楽しむには海沿いの道路がよい。行き止まり付近の湖面・海岸は海鳥を見るのに適している。

鳥情報

季節の鳥／
(春・秋) ホシハジロ, ハジロカイツブリ, オグロシギ, カモメ, ミサゴ, オオワシ, ハイイロチュウヒ, コチョウゲンボウ
(春〜秋) ヨシガモ, スズガモ, アカエリカイツブリ, タンチョウ, オジロワシ, チュウヒ
(夏) オオジシギ, シマセンニュウ, コヨシキリ, ノゴマ, ベニマシコ, オオジュリン

撮影ガイド／
水鳥は道路のすぐ近くまで寄ってくる一部をのぞき、広大な水面に散らばっているので撮影は難しい。800mm以上かデジスコになるが、それでも遠く、陽炎などの影響も受けやすい。草原の小鳥、猛禽類は300mm以上あれば可能。花の時期には花と絡めて撮ると楽しい。大きな三脚を立てるより手持ちで身をかがめるか、車内で待つと鳥のほうから近づいてくれる。

問い合わせ先／
これまでの記録鳥種はインターネットにて「北海道帯広市と近辺の野鳥マップ」で閲覧可能。

メモ・注意点／
- 水鳥の観察にスコープは必須。交通量は少ないがスピードを上げて走る車もあり、道路からの観察時は注意。特に秋のサケ釣り期(8〜10月)はにぎわう。場所によっては携帯電話が通じない。夏でも海霧が発生すると肌寒いので、防寒は十分にされたい。

探鳥地情報

【アクセス】
■ 車：帯広から約70km。いくつかルートはあるが国道38号で豊頃まで行き、そこから国道336号を目指し、「湧洞」十字路で海側へ入るのがわかりやすい。ただし12〜4月中旬は入口付近のゲートが閉ざされ、車両では入れない(詳細は十勝総合振興局のホームページで確認可能)。徒歩などでのアプローチは可能。

【施設・設備】
■ 駐車場：あり
■ トイレ：なし
■ バリアフリー設備：なし
■ 食事処：なし(事前の準備が必要)

【After Birdwatching】
- 汽水湖の湧洞沼ではワカサギ、ヌマエビ漁が行われ、佃煮などを豊頃町内の店や観光施設で購入できる。生花苗沼など周辺の湖沼も探鳥地として一級で、景観も素晴らしい(この一帯を「十勝湖水地方」と呼ぶ人もいる)。大樹町晩成温泉は全国的にも珍しいヨード泉で、海を眺めながら体の芯まで温まるのも一興。

オグロシギの群れ

とかちがわかりゅういき
十勝川下流域

十勝郡浦幌町, 中川郡豊頃町・池田町　MAPCODE® 511 196 145*03

| 1 | 2 | 3 | 4 | 5 | 6 | 7 | 8 | 9 | 10 | 11 | 12 |

ハクガン

　かつての十勝川下流域は広大な湿地帯だったというが, 開拓の過程で大部分が失われた。しかし残された湿地と一面に広がる農耕地で鳥たちはしたたかに生きている。

　1年を通じて水鳥を中心に鳥は多いが, 国内屈指のガン類中継地で, 春(3～4月)と秋(9～11月)が楽しい。1万羽以上のマガン, 5,000羽前後のヒシクイ(亜種オオヒシクイ)にくわえ, 保護事業で3桁まで数を増したハクガン, シジュウカラガンを観察できる。少数のカリガネ, サカツラガン, コクガンが加わることも。十勝川など人のアプローチできない場所へ分散してねぐらを取り, 日中は農耕地での採食と湖沼での休息をくり返す。居場所は日によって異なり, 広域を探す必要がある。初心者は三日月沼周辺を狙うのが無難だ。

　点在する湖沼では春秋にカモ類, オオワシ, オジロワシが羽を休め, 夏にはアカエリカイツブリやタンチョウ, コヨシキリ, オオジュリンなどが繁殖する。タンチョウは幼鳥が飛べるようになる8月下旬以降が農耕地で観察しやすく, 警戒心も薄い。

　夏にセンダイハギやハマナスの花が咲き誇る豊北原生花園ではノゴマ, シマセンニュウなどがさえずる。浜辺では春秋にミユビシギなどのシギ・チドリ類, 一面の枯野と化す冬には年によりケアシノスリ, コミミズクといった猛禽類, シラガホオジロなどの小鳥を観察できる。大津漁港は当たり外れが大きいがオオハム, オオホシハジロ, ヒメハジロなどが入ることがあり冬は要チェック。厳冬期の十勝川河口では氷上にゴマフアザラシが群がる。

〔千嶋 淳〕

 探鳥環境

早春のマガンやカリガネ（中央）　　十勝川下流域

とにかく広大なエリアなので車がほしい。ガン類は三日月沼、幌岡大沼周辺に多いが、日によって居場所を変える。点在する沼を巡りながら周辺の農耕地をチェックするのが効率的だ。農耕地では猛禽類やホシムクドリも観察できる。冬は沼が結氷するので海岸線や港が探鳥ポイントになる。熱心な地元の観察者も多く、挨拶がてら情報を教えてもらうのもよい。

鳥情報

季節の鳥／
(春・秋) ヒシクイ、マガン、ハクガン、シジュウカラガン、オオハクチョウ、カモ類、ダイゼン、ツルシギ、ミサゴ、ホシムクドリ
(夏) アカエリカイツブリ、オオジシギ、チュウヒ、チゴハヤブサ、ショウドウツバメ、コヨシキリ、オオジュリン
(冬) クロガモ、アビ、カモメ、オオワシ、ハイイロチュウヒ、ケアシノスリ、コミミズク、コチョウゲンボウ、オオモズ、ツメナガホオジロ、シラガホオジロ
(通年) カワアイサ、タンチョウ、オジロワシ

撮影ガイド／
ガン類は、近い時には300mmでも十分撮れるが、遠い場合は800mm以上でも厳しい。農耕地と湖沼の移動の際には近くを飛んでくれる。農耕地のタンチョウ、小鳥、猛禽類は300mm程度で可能。浜辺以外では道路からの撮影が基本となるため、車をブラインド代わりにすると思いのほか近距離で撮影できる。

メモ・注意点／
- 牧草地も含め農耕地には絶対に立ち入らないこと。農繁期には農作業の邪魔にならないよう配慮したい。道路は交通量が多い場所もあるので、駐車や移動に注意。
- ガン類は警戒心が強い。車内または背後、ブラインドに隠れての観察・撮影が望ましい。頭を上げる個体が多くなったら警戒している証拠なのでそれ以上近づかないこと。

探鳥地情報

【アクセス】
- 車：帯広から国道38号経由または道東道「池田IC」から約50km（三日月沼）
- 鉄道：JR根室本線「新吉野駅」または「浦幌駅」からタクシーで約20分

【施設・設備】
- トイレ：大津漁港やコンビニにあり
- バリアフリー設備：なし
- 食事処：三日月沼周辺では大津に食堂が1軒のみ。豊頃、浦幌、池田市街には飲食店、コンビニなど多数あり

【After Birdwatching】
- 池田町のワイン城ではワイン製造過程の見学や試飲を体験できる。豊頃町物産直売所（営業期間：5～10月）、浦幌道の駅では旬の野菜や海の幸を安く購入できる。浦幌町立博物館は小規模ながらエトピリカ、クマタカの剥製があり、獅子舞など地元の文化に関する展示も充実している。

タンチョウと車のニアミス！

十勝川下流域 | 103

おびひろがわ・あいおいなかじま
帯広川・相生中島

帯広市，中川郡幕別町，河東郡音更町　MAPCODE 124 659 511*77

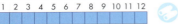

シマエナガ

　ばんえい競馬や豚丼で名高い帯広市周辺ではいくつもの河川が十勝川へ流れ込む。帯広川もその一つで川幅は50mに満たないながら，近郊では有数の水鳥渡来地。帯広川，札内川と十勝川に挟まれた河川敷は相生中島と呼ばれ，草原・潅木性鳥類の宝庫だ。

　帯広川での観察は9月後半〜5月前半がよい。国道に面した帯広神社裏はかつて餌やりが盛んで，オオハクチョウ，マガモ，カルガモに混じってカワアイサも間近に観察できたが，最近は餌やりをする人が減り，まったく見られない日も。神社周辺はゴジュウカラ，アカゲラなど森林性の小鳥が多い。

　約2km下った銀輪橋から札内川との合流点が主なポイント。上記の種に加え，ヨシガモ，キンクロハジロ，ホオジロガモ，ミコアイサなど10種以上のカモ類を間近に観察できる。アメリカヒドリは毎年渡来し，ナキハクチョウ，クビワキンクロといった珍鳥も記録されている。鳥が近く，行動，羽衣も子細に観察できるので，初心者から上級者まで楽しめる。河畔林にシマエナガやコアカゲラ，上空にオオタカ，オジロワシなどが姿を現すことも。夏はマガモ，オシドリの家族群，カワセミを観察できる。

　夏は相生中島がおもしろい。草原，潅木林，河畔林，池……と多様な環境にはノゴマ，アリスイ，オオジシギ，クロツグミなどが多い。冬とは見違えるほど鮮やかなベニマシコやオオジュリンの雄は，道外のバーダーはぜひ見ておきたい。近年，治水用の水路が掘られ緑地はやや減ったものの，タンチョウやシギ・チドリ類が飛来する。冬も猛禽類や小鳥，水際ではイカルチドリ，ミソサザイが見られる。　〔千嶋 淳〕

探鳥環境

ミコアイサ

帯広川は市街地から近く、出張や観光のついでに楽しめる。広大な相生中島は大部分が未舗装なので、道に迷ったり車の事故を起こしたりしないよう注意が必要だ（特に積雪期）。

鳥情報

季節の鳥
(通年) マガモ、オオタカ、ハイタカ、タンチョウ、イカルチドリ、コアカゲラ、セグロセキレイ、ハシブトガラ、エナガ（亜種シマエナガ）
(秋〜春) オオハクチョウ、アメリカヒドリ、ホオジロガモ、ミコアイサ、カワアイサ、オジロワシ、ミソサザイ
(春〜夏) オシドリ、オオジシギ、アリスイ、カワセミ、ノビタキ、ノゴマ、クロツグミ、センニュウ類、コヨシキリ、アオジ、オオジュリン、ベニマシコ

撮影ガイド
帯広川の水鳥は200〜400mm程度の望遠レンズで撮影可。水化けやブラインドを使えば目の前で撮れるが、堤防や橋からでも十分なので自信のない人はそのほうがよい。ある程度遠くからのデジスコ撮影も有効。相生中島も同様で、小鳥類は草木の中を動き回るため手持ちをおすすめする。

メモ・注意点
● 帯広川は市民の散歩や憩いの場となっているので、不快感・不審感を与えぬよう。釣り人やカヌーで水鳥がいない時もあるので注意。相生中島の一部はラジコン飛行機の愛好会が占有しており、無断で入ると罰せられる可能性がある。日本野鳥の会十勝支部が不定期に探鳥会を開催。

探鳥地情報

【アクセス】
■ 車：帯広市街から国道38号を東に向かって約5km
■ 鉄道：JR「帯広駅」より循環線または水光線で「東13条駅」下車徒歩約15分、またはタクシー

【施設・設備】
増水・積雪時にはアプローチが困難になることもある。
■ 駐車場：堤防、河川敷に駐車可能だが、意外と交通量があるので周囲の状況を見て判断すること。橋の上は車がすれ違えないので不可
■ トイレ：エールセンター十勝にあるが開館日・時間は要確認。
■ バリアフリー設備：なし
■ 食事処：探鳥地内にはなし。国道や市街地には飲食店、コンビニ多数

[After Birdwatching]
● 帯広市内にはばんえい競馬場、おびひろ動物園など観光施設や飲食店も多い。車で10分の十勝川温泉では日帰り入浴、足湯（無料）も楽しめる。

アメリカコガモ。亜種や雑種を探すのもカモ観察の楽しみ

いなだちく
稲田地区

帯広市　MAPCODE 124 471 012*70

1 2 3 4 5 6 7 8 9 10 11 12

コアカゲラ

　人口17万都市の帯広市街地では，平地林の伐採が進み，緑地面積は3.3%と全国的にも低い水準にある。その中で南部に位置する稲田地区にある大学，高校，それらの附属農場などに林や農耕地が残されており，150種近い鳥が記録されている。

　敷地の中には家畜，野菜の伝染病を防ぐなどの目的で立ち入りが規制されている区域もあるので，3つのモデルコースを紹介しよう。

　まずは帯広農業高校のカシワ林。北海道の「環境緑地保護地区」にも指定され，樹木の豊かな林にはハシブトガラ，ゴジュウカラ，アカゲラなどが生息する。夏にはアカハラ，キビタキ，センダイムシクイといった歌い手がにぎやかにさえずる。ヤマシギやヤマコウモリの飛びまわる日没前後もおもしろい。秋から冬はカケス，キクイタダキなどが見やすい。

　次いで帯広畜産大学生協周辺。平日は学生や教員でにぎわうが，そのぶん鳥が人馴れしており，キバシリ，シマエナガなどを間近に観察できる。

　最後は大学の裏手にある売買川（うりかり）。隣接した附属農場には夏にオオジシギ，ノビタキ，ニュウナイスズメなどが多く，川沿いの河畔林や潅木ではノゴマ，ベニマシコ，コムクドリなどが目立つ。秋には移動中のマミチャジナイ，クロジ，冬はカワガラス，マヒワ，ミヤマホオジロなどが姿を現す。いずれのコースでも運がよければコアカゲラやオオタカと出会える。

　エゾリス，キタキツネといった哺乳類も普通に暮らしており，植物や昆虫も豊富なので鳥以外の自然にも目を向けながら楽しむことができる。

〔千嶋 淳〕

エゾリス

市街地に隣接しながらもカシワなどの広葉樹林，チョウセンゴヨウマツなどの針葉樹林，潅木と草原，農耕地など多様な環境がモザイク状に入り混じり，それらを組み合わせるとより効率的に楽しめる。ただし，あくまで教育・研究の場であることを忘れないように。

鳥情報

季節の鳥／

(通年) ハイタカ，オオタカ，コアカゲラ，アカゲラ，キクイタダキ，ハシブトガラ，ヒガラ，シマエナガ，ゴジュウカラ，キバシリ
(夏) ツツドリ，ヤマシギ，オオジシギ，エゾムシクイ，センダイムシクイ，エゾセンニュウ，コムクドリ，アカハラ，ノゴマ，ノビタキ，コサメビタキ，キビタキ，ニュウナイスズメ，ベニマシコ，アオジ
(秋) メジロ，マミチャジナイ，カシラダカ，クロジ
(冬) フクロウ，カケス，ツグミ，マヒワ，イスカ，ウソ，ミヤマホオジロ

撮影ガイド／

300mm以上の望遠レンズで撮影可能。小鳥を中心に歩き回り，また学園地帯という場所がら手持ちがよい。学生寮などもあるのでレンズを向ける先には注意。道から外れない範囲での木化けは有効。農業高校の敷地内では冬季，エゾリス用の餌台に鳥も飛来するのでそこで撮らせてもらうのも手だ（周辺の関係者に断りを入れよう）。

メモ・注意点

● 立ち入り制限区域を守り，家畜や作物には絶対触れないこと。開放区域でも道路から外れて林，農耕地などには立ち入らないように。多くの人が行き交うので挨拶や会釈を忘れずに。夏～秋は虫が多くオオスズメバチもいるので虫刺され・ハチ対策を心がけたい。エゾリス，キタキツネが近づいて来ることがあるが触らないように。

探鳥地情報

【アクセス】

■車：「帯広駅」周辺から約7km。または帯広広尾自動車道「帯広川西IC」より約4.5km
■鉄道・バス：JR「帯広駅」バスターミナルより十勝バス環状線「農業高校前」，「畜産大入口」などのほか，畜大線「畜産大学前」などがある。詳細は十勝バスHPまたはターミナルで確認

【施設・設備】

基本的にいつでも入れるが，入試などの際には一般人の立ち入りが制限されることも。
■駐車場：畜産大学では生協裏が外来者用。それ以外では路肩などへの駐車になる
■トイレ：畜産大学や周辺のコンビニにあり
■バリアフリー設備：授乳可能な身障者用トイレあり（畜産大学内）
■食事処：畜産大学生協（購買，食堂とも誰でも利用可能）のほか徒歩圏内にコンビニや飲食店あり

[After Birdwatching]

● 畜産大学生協では牛トロ丼やしぼりたての畜大牛乳を賞味できる。農業高校はコミック，映画にもなった「銀の匙」の舞台。帯広市内には競馬場（通常の競馬ではなく，そりを引きながら力，速さを競うばんえい競馬），百年記念館など観光施設も多い。豚丼，スイーツも人気が高い。市内の銭湯の大部分は温泉で，安い入浴料で入湯できる。

ちよだしんすいろ
千代田新水路

中川郡幕別町　MAPCODE 369 639 209*85

1 2 3 4 5 6 7 8 9 10 11 12

オオワシ

　増水時に水を効率よく流すため作られ，2007年に通水した人工水路。周辺も含め150種以上の野鳥が記録されている。

　名物は何といっても初冬のワシ。建設中から多くのオオワシ，オジロワシが飛来するようになり，ピーク時には50羽を超える。水路の浅瀬でサケ（シロザケ）が産卵し，無数の死骸があるためだ。それらを食べ，奪いあい，激しくぶつかりあう姿を目の当たりにできる。かつて北海道各地の河川で見られたであろう原風景が皮肉にもコンクリ固めの水路で復活したのだ。20羽以上が羽を休めるドロノキに「ワシのなる木」として名高い。魚道観察施設もあってサケやウグイを見られるが，サケはそのすぐ上で捕獲される。山と海の生態系が健全に交流されていない現状にも思いをにせたい。観察時期は晩秋からサケを食べ尽くして分散する1月上～中旬。

　ワシ以外にもカモメ類，カモ類，カラス類がサケを求めて集まる。オオセグロカモメやシロカモメは浅瀬でサケの死骸を食べるのに対し，ユリカモメは空中から水面に突入し，卵（イクラ）をついばむ。そうした違いを意識しながらの観察もまた楽しい。

　春秋にはアオアシシギ，タカブシギなど内陸性のシギ・チドリ類が飛来し，エリマキシギ夏羽やセイタカシギ群れの記録もある。冬はホオジロガモ，カワアイサが川面を行き交い，タンチョウも越冬する。

　夏はノゴマ，ベニマシコといった草原性鳥類が河川敷でにぎやかにさえずり，上空からはオオジシギが「ズゴゴゴゴ」と雷のように急降下してくる。　　　　〔千嶋 淳〕

 探鳥環境

堤防から降りる道路は複数あるが，管理棟の少し下流の取り付け道路を下ると対岸が「ワシのなる木」だ。このあたりにいるだけで多くの鳥を見られる。ホオジロガモやカワアイサを見たいならより下流の十勝川との合流点付近。夏に小鳥を観察するのもそのあたりがおすすめ。

ワシのなる木

鳥情報

季節の鳥

(冬) オオワシ，オオハクチョウ，ホオジロガモ，カワアイサ，シロカモメ
(春・秋) アオアシシギ，コアオアシシギ，タカブシギ，ウズラシギ，ヒバリシギ，ミサゴ
(夏) ノゴマ，ノビタキ，ベニマシコ，オオジュリン，アリスイ，オオジシギ，ホオアカ
(通年) マガモ，タンチョウ，オジロワシ，イカルチドリ，セグロセキレイ，コアカゲラ，ハシブトガラ

撮影ガイド

ワシの撮影は400mm以上のレンズがよい。採食中にあまり接近すると逃げられるのでブラインドか車内から撮影しよう。水鳥も含めデジスコで遠くから撮るのもよい。急な放水を行うこともあるので水路内には立ち入らない。夏の小鳥は300mm程度の手持ちで十分。

問い合わせ先

新水路管理棟の3階にスコープやワシに関する展示があるが，問い合わせ対応やガイドは行っていない。

メモ・注意点

- 増水時には立ち入り禁止になる。また，冬の休日に降雪すると除雪されない。水路に面した道路は未舗装で幅も狭いので脱輪，木への衝突に注意。
- 日本野鳥の会十勝支部が不定期に探鳥会を実施。十勝ネイチャーセンターが11～1月に開催するワシ観察クルーズでは付近の本流をゴムボートで下りながらワシや水鳥を観察できる。

探鳥地情報

[アクセス]

- 車：帯広市街地から国道38号を東へ約13km
- 鉄道・バス：「帯広駅」バスターミナルより幕別線または帯広陸別線で「幕別19号」下車。管理棟まで徒歩約20分。JR「札内駅」または「幕別駅」よりタクシーで約15分。春から秋は現地でレンタサイクルも利用できる(有料)

[施設・設備]

管理棟や魚道観察施設には休館日があるが，探鳥地は増水時以外は自由に利用できる

- 駐車場：河川敷なので自由に駐車できる。脱輪や転落に注意
- トイレ：管理棟にあり
- バリアフリー施設：管理棟には身障者用トイレ，車椅子対応のエレベーターなどあり
- 食事処：探鳥地内にはない。国道38号や幕別，札内市街，十勝川温泉にはコンビニ，飲食店がある

[After Birdwatching]

- 対岸の十勝川温泉は世界でも珍しいモール温泉で，日帰り入浴や無料の足湯も可能。帯広市街には観光施設や飲食店多数。

川を自由に行き来できないシロザケ

これはオススメ！ 野鳥を軽快に見るならこの道具

超軽量・超コンパクトなハイグレード機で鮮明に楽しむ

KOWA PROMINAR で上質な観察体験を！

最上級の視界で観察できる超軽量，超コンパクトな組合せ，それが GENESIS 22 と TSN-554 PROMINAR だ。口径 22mm の XD レンズを搭載し，コンパクト双眼鏡の常識を超えた"見え"を発揮する GENESIS 22。フローライトクリスタルを搭載し，透明感の高いクリアな視界を生み出すスポッティングスコープ TSN-550。持ち歩くことが負担にならないコンパクトモデルで，北海道をはじめとする国内外の旅行，登山・ハイキングなどの際にも，時・場所を問わず，存分に野鳥観察を楽しんで欲しい。

GENESIS 22 PROMINAR

窒素ガス充填防水

◎ XD レンズ（eXtra low Dispersion lens）による色収差を徹底的に除去したハイコントラストな視界
◎ 光のロスを防ぎ，クリアな明るさと正確な色再現性を誇る"C3 コーティング"と"フェーズコーティング"。レンズ外面は汚れのつきにくい KR コーティング
◎ 軽く頑強なマグネシウム合金ボディ

GENESIS 22-8 (8x22)	95,000 円（税別）
GENESIS 22-8 (10x22)	100,000 円（税別）

TSN-553/554 PROMINAR

窒素ガス充填防水

◎ フローライトクリスタルを搭載し色収差を徹底除去。透明感の高いクリアな視界で観察が可能
◎ レンズ・プリズムの全面にマルチコーティング。対物レンズ外面には汚れのつきにくい KR コーティング
◎ より素早く，より正確に！デュアルフォーカスノブ
◎ 15〜60 倍ズームアイピース付属（固定式）

TSN-553 PROMINAR（傾斜型）	216,000 円（税別）
TSN-554 PROMINAR（直視型）	206,000 円（税別）

URL:http://www.kowa-prominar.ne.jp
TEL.03-5614-9540

 興和光学株式会社

北海道でぜひ会いたい鳥 BEST10 ②

文・写真：大橋弘一

5位 タンチョウ

一般の認知度の高いツル類の代表種。国の特別天然記念物。釧路，根室，十勝など道東を中心とする地域にのみ生息する留鳥。北海道の鳥類を代表する存在とも目されるが，過去には関東地方などでも越冬していたものと考えられている。かつて絶滅寸前に追い込まれたが，大正時代に釧路湿原に残存していた13羽が発見されて保護の歴史が始まった。現在の生息数は約1,500羽。

6位 オジロワシ

流氷の海岸で見られる大形のワシとしてオオワシと並ぶ存在。多くは北海道に渡来する冬鳥だが，東北地方以南でも少数が見られる。北海道では主に道東や道北で一部が繁殖し，本種の繁殖南限地域の1つとなっている。国外分布はユーラシア大陸の中高緯度地域を横断するように広い。オオワシ同様に，魚類を主食とするが，時には哺乳類の死骸も食べ，また湖沼に集まる水鳥を襲うこともある。

7位 エトピリカ

アイヌ語の「美しい嘴」を意味する名のウミスズメ科の鳥。その名のとおり夏羽ではオレンジ色の大きな嘴が目立つ。ベーリング海とオホーツク海に繁殖分布があり，国内唯一の繁殖地である北海道東部はその南限に当たる。かつては根室半島周辺一円に繁殖地があったが激減し，現在では浜中町や厚岸町にわずかに残されるのみ。繁殖数も十数つがい程度と推定されている。

8位 ギンザンマシコ

雄は紅色，雌は黄褐色基調の色彩の，どっしりした感じのアトリ科の鳥。尾などは黒く，若い個体は胴体などが灰色。ユーラシア大陸や北アメリカ大陸に広く分布するが，国内繁殖地は北海道のみで，大雪山系や知床連山などのハイマツ帯で少数が繁殖する。冬は平地にも渡来することがあり，時には市街地のナナカマド街路樹に居つくようになって観察者の注目の的となる。あまり人を恐れず，近距離から観察できる。

9位 シマアオジ

国内では北海道だけで繁殖するホオジロ類。本州以南の日本列島を通らない経路で大陸に渡るため，移動期間でも北海道以外ではほとんど見られない。かつては北海道の原野や草原を代表する存在だったが，ここ20年ほどで激減し，今では壊滅状態。北海道ではもともと数の多い普通種であり，短期間でのこれほどの急減は日本の野鳥観察史に残るものといえる。

10位 ノゴマ

雄成鳥の赤い喉が印象的な小鳥。北海道では夏鳥で，本州以南では岩手県での繁殖例のほかは数少ない旅鳥。国外ではカムチャツカ半島からユーラシア大陸中央部にかけて広く繁殖分布があり，越冬分布は台湾やフィリピンなど東南アジア。繁殖期には北海道の海岸沿いの草原などで普通に見られ，よく通る声で快活にさえずる。大雪山系など標高の高い場所でもハイマツ帯などで繁殖している。

※月刊『BIRDER』2014年2月号掲載記事「読者が選んだ 北海道に行ったら，ぜひ会いたい鳥BEST25」を再編しました。

白糠町刺牛海岸

しらぬかちょうさしうしかいがん

白糠郡白糠町　MAPCODE 630 163 147*17

| 1 | 2 | 3 | 4 | 5 | 6 | 7 | 8 | 9 | 10 | 11 | 12 |

アオバト

　白糠町から釧路市に向かうと，右手にサーファーが楽しむ海岸がある。その付近にある消波ブロックから南側の海では，干潮になると岩礁が出現し，そこへ近くの山沿いから海水を飲みに多数のアオバトが飛来する。タイミングが合えば，頭上や目の前を飛翔して岩礁に向かっていく多数のアオバトの群れを観察することができる。また，そのアオバトを狙ってハヤブサがどこからか現れ，襲撃する場面を見られることも稀にある。

　満潮時でもアオバトは飛来するが，岩礁は海水に覆われるためになかなか降りられず，消波ブロック付近で海水を飲むこともある。そのアオバトの群れが岩礁に向かう姿に注目してみよう。まず数羽のアオバトが岩礁に向かい，それから多数のアオバトがその岩礁に飛来する。それは，初めの数羽が危険がないか確認した後で，多数のアオバトが飛来しているようにも見える。また，近くの消波ブロック上にアオバトの群れが飛来することもあり，翼の色合いや雌雄の違いを観察できるチャンスである。

　付近には白糠漁港もあり，夏ごろになると，防波堤の辺りで営巣を始めた多数のオオセグロカモメを見ることができる。また，冬〜春ごろにはカモ類や海鳥の観察も楽しめる。

〔横山篤史〕

探鳥環境

サーファーが多数集まる場所でもあり，バードウォッチングを行いながら，その光景を楽しむこともできる。また，アオバト以外にもオオセグロカモメやウミネコが飛翔していく姿も見られるが，駐車可能な場所は砂利で狭いので注意。

鳥情報

季節の鳥／
(夏) アオバト，ウミネコ
(通年) オジロワシ，オオセグロカモメ

撮影ガイド／
防波堤からアオバトが飛来する岩礁までは目視できるが，その場所を狙って撮影するとなると，300mm程度の装備がほしい。また，日中は逆光で気温の上昇に伴い陽炎も発生するため，午前中に訪れるとよいだろう。また，潮位も確認して干潮の時間も調べることを勧める。

メモ・注意点／
- 近くには民家もある。敷地内に入らないよう注意。また駐車できる場所も狭く，場合によっては駐車できないこともある。

多数のアオバトが飛来する

探鳥地情報

【アクセス】
- 車：釧路市中心部から国道38号経由で約27km
- 鉄道・バス：JR根室本線「白糠駅」下車，徒歩約40分

【施設・設備】
- 駐車場：あり
- 入場料：なし
- トイレ：なし
- バリアフリー設備：なし
- 食事処：白糠では飲食店もある。コンビニエンスストアも，白糠駅から国道に出て西(音別方面)へ向かえば400m程度の距離にあるので，準備して向かうとよい

【After Birdwatching】
- レストランはまなす：
  白糠郡白糠町東2条南2丁目1-26
  11：00〜15：00，17：00〜20：30，水曜定休
- 老麺やはた：
  白糠郡白糠町東1条南1丁目1-41
  平日11：00〜15：00，17：00〜19：30
  土日祝日11：00〜19：30　水曜，第3火曜定休
- 岬の森東山公園
  白糠町石炭崎17番地

星が浦川河口海岸
ほしがうらがわかこうかいがん

釧路市　MAPCODE 149 307 316*14

カンムリカイツブリ

　星が浦川の河口付近では，釧路市でも数少ない干潟が干潮時に出現する。そのため，多くのシギ・チドリ類が飛来する釧路市の一大観察場所と言っても過言ではない。

　特に春と秋がシギ・チドリ類の観察には適しており，コチドリ，キアシシギの飛来から，トウネンやチュウシャクシギ，ハマシギなどが干潟や海岸で見られる。また，5～10月の期間は，少数ではあるがミヤコドリも海岸へ飛来することがあり，多種多様なシギ・チドリ類を観察することができる。

　9月ごろになると，遠方の海上にカンムリカイツブリの姿が少数確認されることがある。2016年11月中旬には複数の群れが観察され，時に100羽以上の群れが観察されたこともある。群れの中にはビロードキンクロの姿が見られることも稀にあるので注意が必要だ。10月ごろになると，星が浦川にコガモ，スズガモも飛来し，そのカモを狙ってハヤブサ，オオタカが現れることもある。

　また，干潮により干潟が出現すると，オグロシギや採食の動きが特徴的なセイタカシギ，海岸にはダイゼンやムナグロが少数飛来することもあるが，観察できるのは1日～1週間程度のことが多い。外洋の荒波の影響か，海星橋から星が浦川河口付近の間でアカエリヒレアシシギを観察できたこともあるので，干潮時間を確認したうえで現地に向かうとよいだろう。

〔横山篤史〕

探鳥環境

星が浦川にかかる海星橋から河口に向かい，右手にカーブする辺りに停車して，星が浦川〜河口・海岸に向かうとよい。しかし，近年は港湾工事を行っていることから，工事関係者に配慮して移動や駐車をすること。干潮時には星が浦川河口付近に干潟が出現するので，春から秋にはシギ・チドリ類が採食する姿を観察できる。

鳥情報

🍃 季節の鳥／
(春〜秋) トウネン，キアシシギ，キョウジョシギ，チュウシャクシギ，オオソリハシシギ，セイタカシギ，ミユビシギ，イソシギ，ハマシギ，タカブシギ，オジロトウネン，ダイゼン，ムナグロ，オオジシギ，コチドリ，ヒバリ，オオジュリン，ノビタキ，タヒバリ，ハクセキレイ，アオサギ，ウミウ，ユリカモメ，ウミネコ
(秋〜春) カンムリカイツブリ，ハジロカイツブリ，スズガモ，クロガモ，コガモ，キンクロハジロ，ヒドリガモ，オナガガモ，ホオジロガモ，ハシビロガモ，ワシカモメ，カモメ
(通年) オジロワシ，オオセグロカモメ

🍃 撮影ガイド／
干潟にいる小形のシギ・チドリ類の撮影は400mm程度の装備が必要。海に近い河川のため，潮位の変化により干潟等の観察場所も変化するので，可能なら干潮時がよい。なお，ここに飛来するカモ類は警戒心が強く，近寄ると周りのシギ・チドリ類も含めて飛翔してしまうおそれがある。遠距離で観察，待機していると，野鳥のほうから近づいてくることがある。

❗ メモ・注意点／
● 近くで港湾施設の工事を行っているため，大型車の通行が多い。春〜秋は釣り人も海岸に訪れ，冬場は雪捨て場が付近にできるので，釣り人や作業への配慮が必要。また，草むらで休む野鳥にも配慮しよう。

探鳥地情報

【アクセス】
■ 車：釧路市中心部から約7km，「阿寒IC」から約20km
■ 鉄道・バス：JR根室本線「新大楽毛駅」下車，徒歩約20分

【施設・設備】
なし

【After Birdwatching】
周辺に特に観光施設はない。

ミユビシギ

釧路西港

くしろにしこう

釧路市　MAPCODE 149 280 691*73

| 1 | 2 | 3 | 4 | 5 | 6 | 7 | 8 | 9 | 10 | 11 | 12 |

オオハム

　西港区は1969年に着工し，現在に至る。埠頭は第1〜4埠頭に分かれ，各埠頭ごとに違う用途で貨物船に利用されている。2011年には国際バルク戦略港湾に選定され，西港区第2埠頭地区において整備が行われた。四季を通じて，釣りの人気スポットでもあり，休日になると多数の釣り人が訪れる広大な港湾である。

　バードウォッチングに適した時期は秋〜春の間だろう。各埠頭付近でシノリガモやスズガモ，クロガモが見られる。数は少ないものの春ごろにはシロエリオオハムや，外洋の荒れた日にはウミスズメ，上空にオジロワシが飛翔していく姿を見られることもある。

　港湾施設であり，冬の寒い時期がバードウォッチングシーズンということもあるので，歩くのではなく，車での移動と車内観察を勧める。なお，春先になると，渡りの準備を始めるカモ類の群れ付近にカンムリカイツブリが夏羽へと換羽を始める姿も少数ながら観察できる。冬羽との違いを楽しめ，さらに大形カイツブリということで姿も確認しやすいので，潜る動きと足の付いている位置などをカモ類と比較して観察するのもおもしろいだろう。

〔横山篤史〕

探鳥環境

クロガモ

港湾ということもあって、カモの姿が主体。各埠頭付近でその姿を多数見られるが、外洋が荒れているときに第1～2埠頭間でアビ類、ウミスズメ類を観察できる機会も時期によってある。

鳥情報

季節の鳥／
(秋～春) スズガモ、シノリガモ、ヒドリガモ、クロガモ、ホオジロガモ、カンムリカイツブリ、アカエリカイツブリ、シロエリオオハム、オオハム、アビ、ウミアイサ、ヒメウ、ウミウ、カモメ、ワシカモメ
(夏～秋) カモメ、稀にウミスズメ
(通年) オオセグロカモメ

撮影ガイド／
貨物船などの影響で、遠くでカモ類の姿を観察することが多いので、400mm程度の装備が必要。また、主に姿を観察できるのは秋以降なので、車内観察のほうが寒暖差の影響を受けにくいうえに、カモ類を驚かせることもないので、数mの近さで観察できる場合もある。なお、年によって変動しているものの、春の渡りの時期にはスズガモやヒドリガモを中心とした数百羽かそれ以上の群れを観察できることがあり、群れの中にはヨシガモやハシビロガモなどの姿を少数観察できることもある。

メモ・注意点／
● 平日や週末でも港湾施設で作業を行っていることが多いため、その場合は付近での観察を控えることが必要。当然、通行の際は作業車も多いので、邪魔にならないよう走行すること。また、休日には多数の釣り人が訪れることが多いので、双方にとって影響のないように心がけること。

探鳥地情報

【アクセス】
■ 車：釧路外環状道路「釧路東IC」から約11km

【施設・設備】
■ 駐車場：なし
■ 入場料：なし
■ トイレ：なし
■ バリアフリー設備：なし
■ 食事処：なし

【After Birdwatching】
● シャケ番屋：釧路市浜町4-11
 7：30～14：00まで。
 定休日：1～4月は第4水曜日、5～12月は無休

第2～3埠頭の間(左ページの景観写真は第1～2埠頭の間)

釧路西港 | 117

ふくこう・きたふとう・しりとちょうふなだまり
副港・北埠頭・知人町船溜

釧路市　　MAPCODE 149 254 844*76

1	2	3	4	5	6	7	8	9	10	11	12

シノリガモ

　釧路港は東港区（南埠頭，南新埠頭，中央埠頭，北埠頭，副港，漁港埠頭）と西港区に分かれており，知人町船溜は南新埠頭付近にある。

　秋ごろになると，釧路を代表するサンマ，秋鮭漁のために副港から釧路フィッシャーマンズワーフMOOという複合施設付近まで多数の漁船が集結するので，釧路の活気ある漁港の光景を楽しめる。

　東港区にある副港では，秋ごろからカモ類の姿が観察できるようになり，春先にかけては副港から中央埠頭近辺で多数のカモ類が観察できる。副港から漁港埠頭ではアビ類が見られることもあり，2017年3月にはハシジロアビが1羽観察されている。また，この付近の防波堤と釧路市水産資料展示室「マリン・トポスくしろ」辺りの公園では，オジロワシを観察する機会が多い。秋〜春には副港の西側奥で，かなりの距離があるものの多数のカモ類が集結していることがあり，その中にアメリカヒドリやシマアジを少数観察できることもある。

　知人町船溜は南新埠頭付近にある港で，こちらも秋ごろからカモ類の姿を観察できるが，この港で観察できるカモ類の数は副港から北埠頭までの観察エリアと比較すると少ない。しかし，知人町船溜は狭いので観察しやすく，時には副港から北埠頭のエリアで見られなかったカモ類等が観察できることもある。副港から北埠頭へ赴く際は，知人町船溜もセットで行くのがよいだろう。

〔横山篤史〕

探鳥環境

釧路西港から西港大橋を通過し、「マルリョウカロエ」という釧路市漁港協同組合の直売店がある場所からが副港である。その港内に沿って副港〜北埠頭まで行くとよい。

鳥情報

季節の鳥／

(春〜秋)ユリカモメ，ウミネコ，ウミウ

(秋〜春)スズガモ，ホオジロガモ，ホシハジロ，ヒドリガモ，クロガモ，シノリガモ，ウミアイサ，カモメ，シロカモメ，ワシカモメ，ヒメウ

(冬〜春)ビロードキンクロ，コオリガモ，カワアイサ，ヨシガモ，アメリカヒドリ，カンムリカイツブリ，ミミカイツブリ，アカエリカイツブリ，ハジロカイツブリ，シロエリオオハム，アビ，オオワシ

(通年)オオセグロカモメ，オジロワシ

撮影ガイド／

港内で遠距離による観察機会が多いことから，400mm程度の装備が必要。また，冬は寒さが厳しいため，車内での観察が適している。なお，車内観察だと驚くほど近くで観察できる機会もあるのでおもしろいだろう。

メモ・注意点／

● 埠頭・港内では日々漁業関係の作業が行われているので，通行の邪魔にならないよう観察すること。特に漁船作業中は大型車両が多く走行するので，その付近には近寄らないなどの配慮が必要。また，冬の降雪時には港内で除雪も行われているため，作業の邪魔にならない行動・観察を心がけよう。

探鳥地情報

【アクセス】
■ 車：釧路市中心部から約2km（釧路港）

【施設・設備】
漁港埠頭・副港
■ トイレ：あり（知人町船溜にはない）
■ 食事処：
・釧ちゃん食堂（漁港埠頭側）
　釧路市浜町3-18　釧路水産センター1F
　営業時間：7：00〜15：00，日曜・祝日定休日
・まるひらラーメン（知人町船溜側）
　釧路市浦見8丁目1-13
　営業時間：9：30〜17：00，水曜定休日

【After Birdwatching】
● 幣舞橋
● 釧路フィッシャーマンズワーフMOO
　http://moo946.com/

ミミカイツブリ

しんくしろがわ
新釧路川

釧路市 MAPCODE 149 313 116*42

オオハクチョウ

　かつて釧路川は，釧路港に大量の土砂を運び，洪水もたびたび発生していたため，岩保木水門から分水路を開削してこれを新釧路川とした。その後，今までの釧路川を旧釧路川と名称変更したが，慣れ親しんだ釧路川に旧という烙印を押されることに不満を抱いた釧路市民が長年に渡り名称復帰を訴え，その結果，新釧路川・釧路川の名称に戻された。

　その新釧路川では，秋ごろになるとシシャモの遡上があり，そのシシャモを狙ってか，多数のウミネコやオオセグロカモメ，ユリカモメが水面へ向かって飛び込む姿を楽しむことができる。しかし，急にすべてのカモメ類が騒ぎながら逃げるような行動をすることがある。上空を確認すると，オジロワシが遠方から新釧路川に沿って飛翔していく姿が見られるだろう。また，河口ではその時期は特に多数のオオセグロカモメやウミネコ，稀にワシカモメの姿が観察できる。

　新釧路川河口付近は草原と砂浜になっており，春先になるとヒバリやノビタキなど草原性の野鳥も観察できる。過去4月上旬に新釧路川河川敷でヤツガシラ，夏ごろに仁々志別川と新釧路川の合流地点でアマサギが，共に1羽ずつ観察されたことがあるので，その時期は注意深く観察するとよいだろう。

　特におもしろいのが新釧路川が結氷する時期である。わずかな水面でホオジロガモやカワアイサ，氷上にオジロワシが休んでいたりするなど，釧路の町が近い国道であるにもかかわらず，カモやワシ類を観察でき，道東らしさを身近に感じることができる。

〔横山篤史〕

国道38号で釧路駅へ向かうと，日本製紙釧路工場付近で河川敷に降りられる道路があるので，降りたところに駐車して河口を目指すか，釧路市立鳥取中学校向かいの治水記念公園の駐車場から下流に向かい，仁々志別川と新釧路川の合流地点に向かうルートがある。ただ，降雪時には新釧路川河川敷に降りる道が除雪されていない場合があり，その際は諦める判断も必要。

鳥情報

季節の鳥／
(春～秋)ヒバリ，ノビタキ，カワラヒワ，コチドリ，キアシシギ，アオサギ，ウミウ，ユリカモメ，ウミネコ
(秋～春)ホオジロガモ，キンクロハジロ，スズガモ，ミコアイサ，コガモ，カワアイサ，スズガモ，オオハクチョウ，カモメ，ワシカモメ，シロカモメ
(通年)オオセグロカモメ，オジロワシ

撮影ガイド／
　新釧路川河口と仁々志別川合流地点も含め，遠距離での観察が多いため，400mm程度の装備が必要。また，新釧路川は干潮時に中洲が出現し，そこにカモメ類が集まりやすいので，冬季以外の観察では干潮時を勧める。近寄りすぎると河川に落ちる危険があるので，河川敷での観察がよいだろう。新釧路川河口を目指すときは長靴を着用したほうがよい。なお，満潮時は河川の増水も起きるので，注意して移動すること。

メモ・注意点／
● 夏場は釣り人や散歩する人など，多くの人が河川敷を利用するため，邪魔にならないよう観察したい。また，冬の降雪時，新釧路川近くの駐車場所に向かう道は除雪がされていないことが多く，車の停車ができない場合があるので注意しよう。また，新釧路川河口は砂地で歩きにくいため，河口へ向かう際は身軽な装備で向かうとよいだろう。

探鳥地情報

【アクセス】
■ 車：釧路市中心部から約3km
■ 鉄道・バス：JR根室本線「新富士駅」下車，徒歩約10分

【施設・設備】
■ 駐車場：治水記念公園の駐車場のほか，随所に停められるスペースがある
■ 入場料：なし
■ トイレ：あり(治水記念公園)
■ バリアフリー設備：なし
■ 食事処：レストラン泉屋　ビッグハウス店
　営業時間：11：00～20：30

オジロワシ

はるとりこ・ちよのうらまりんぱーく
春採湖・千代ノ浦マリンパーク

釧路市　　MAPCODE® 149 197 199*64

1	2	3	4	5	6	7	8	9	10	11	12

オオバン

　春採湖は釧路市にある湖で，一周できる散策路があり，散歩やジョギングを楽しむ市民も多い。春採湖の近くにある釧路市立博物館では，釧路の歴史についての展示物が多く，釧路の知識を得るうえでも充分楽しめる。また，春採湖にはギンブナが突然変異したヒブナが生息しており，1937年に国の天然記念物として指定されている。

　付近に海があることから，この湖にはカモメ類が多数訪れる。そのカモメ類が羽を休めている様子を眺めながら春採湖を一周すると，春にはノビタキやコヨシキリの姿も間近で見られるなど，散策しながら多数の鳥を観察することができる。冬になると湖面が結氷するが，春ごろには氷も溶け，夏季にはオオバンの姿が多数見られるのもこの場所の特徴かもしれない。オオバンは少数ながら春採湖で繁殖しているらしく，時期になると幼鳥とともに水草を採食する姿も見られるだろう。

　千代ノ浦マリンパークは春採湖付近にあり，移動は春採湖西側なら短時間で可能。ここでは，釧路コールマインから採掘された石炭を南埠頭へと搬送する石炭列車が運行している。その線路向かいにある消波ブロック群では，夏になるとウミウが羽を乾かしている姿や，冬にはシノリガモ，スズガモが多数見られる。また，ウミスズメの姿を稀に観察できることもあり，偶然の出会いを楽しめる場所でもある。

〔横山篤史〕

探鳥環境

鳥情報

🔹 季節の鳥／
（春～秋）ノビタキ，アオジ，コヨシキリ，ノゴマ，ベニマシコ，アオサギ，ウミウ，オオバン，カイツブリ，ショウドウツバメ，ウミネコ
（秋～春）シノリガモ，クロガモ，ヒドリガモ，スズガモ，ハジロカイツブリ，ミミカイツブリ，カンムリカイツブリ，シロエリオオハム，ヒメウ，カモメ，オジロワシ
（通年）オオセグロカモメ，アカゲラ

🔹 撮影ガイド／
　春採湖の一周約5kmの散策路では偶然間近で鳥を見られることもあるが，しっかりとした姿を撮影したいなら400mm程度の装備は欲しい。また，春採湖を一周するとなると長い距離を歩くことになるため，飲料水の準備もしておいたほうがよいだろう。千代ノ浦マリンパークの港内でも装備は春採湖に準じる。千代ノ浦港内では車内撮影に適しているが，石炭列車の線路沿いの道を歩くとなると移動距離もあるので注意。

🔹 問い合わせ先／
釧路市都市整備部公園緑地課　春採湖ネイチャーセンター　Tel: 0154-31-4557

❗ メモ・注意点／
● 春採湖の散策路は非常に狭く，多くの人が通行することもあるので三脚は使わないほうがよい。また，千代ノ浦マリンパークでは釣り人の邪魔にならないよう配慮すること。

探鳥地情報

【アクセス】
■ 車：釧路市中心部から約4km
■ 鉄道・バス：JR根室本線「釧路駅」からくしろバス白樺線，千代の浦経由にて「千代ノ浦バス停」下車約10分。その後，春採湖東側まで徒歩約5分，千代ノ浦マリンパークまで徒歩約3分

【施設・設備】
■ 駐車場：あり
■ トイレ：あり
■ 食事処：竹老園東家総本店　11:00～18:00，火曜定休　http://chikurouen.com

【After Birdwatching】
● 釧路市立博物館：開館時間：9:30～17:00，月曜休館　入場料：高校生以上 470円，高校生 250円，小中学生 110円
http://www.city.kushiro.lg.jp/museum/

千代ノ浦マリンパーク

つるみだい
鶴見台

阿寒郡鶴居村 MAPCODE 556 353 113*46

正面から飛来するタンチョウ

　鶴居村にあるタンチョウ3大給餌場の1つ。1963年ごろ，冬になると付近の小学校にタンチョウが集まり，教師と小学生が給餌を行ったことが，この給餌場の始まりと言われている。今はその小学校も廃校になり，近隣住民がその志を引き継いで給餌を続け，現在に至っている。

　給餌場ということもあり，冬の時期には多数のタンチョウが飛来する。たまに上空を低く飛翔して給餌場に降りることもあり，近くで見るタンチョウの大きさに驚くだろう。

　観察場所は当然屋外だが，給餌場付近には自動販売機も設置されているので，温かい飲み物を飲みながらタンチョウの姿を楽しめる。

　なお，鶴見台近辺でタンチョウを観察できる場所はほかに音羽橋や伊藤サンクチュアリがあり，タンチョウを満喫するならば，それらの観察地を巡るのもおもしろいだろう。

　鶴見台ではタンチョウを近くで観察できるので，足環が取り付けられている個体も見かけるかもしれない。足環には数字と英語が記載されており，阿寒国際ツルセンターや伊藤サンクチュアリにある足環番号を控えた資料で確認すると，そのタンチョウがいつどこで生まれたタンチョウか？という情報を確認できる。これもバードウォッチングの楽しみの1つである。

〔横山篤史〕

探鳥環境

駐車場近くに給餌場があるので、車から降りてすぐ観察が可能。ただ、早朝（日の出ごろ）に行くとタンチョウがねぐらから飛来して、いないときもあるので、やや時間をおいて鶴見台へ向かうとよいだろう。

鳥情報

季節の鳥／
（冬）タンチョウ

撮影ガイド／
タンチョウの撮影では300mm程度の装備でも十分可能。タンチョウの佇む姿の美しさや、前方から飛翔してくる迫力も堪能できるだろう。また、観察する場所の周りからタンチョウが飛来してくるため、たまに周囲を確認するとよいだろう。

問い合わせ先／
鶴居村役場産業振興課
Tel: 0154-64-2114

メモ・注意点
● 給餌場を管理・運営している人の住居が隣接しているため、立ち入り禁止区域には入らないこと。また、近くの畑にもタンチョウがいることがよくあるが、作業や通行の邪魔をせず、畑に侵入するのも当然禁止。

タンチョウ

探鳥地情報

[アクセス]
- 車：釧路市中心部から約27km
- 鉄道・バス：JR根室本線「釧路駅」から阿寒バス鶴居線・幌呂線にて「鶴見台」下車、徒歩1分

[施設・設備]
- 駐車場：あり（国道53号沿い）
- 営業期間：11月1日～3月31日（4月～10月定休）
- 入場料：なし
- 給餌時間：朝と14:30ごろ
- トイレ：あり
- 食事処：どれみふぁ空
  8:30～17:00、火曜定休（2・3月は無休）
  http://doremifasora.jp/

[After Birdwatching]
- 伊藤サンクチュアリ：
  http://park15.wakwak.com/~tancho/
- 音羽橋
  鶴居村雪裡原野北7線東　道道243号
- つるぼーの家
  夏季9:00～18:00、冬季9:00～17:00
  冬季のみ毎週月曜定休・年末年始休み（予定）
  http://tsurubonoie.com

阿寒国際ツルセンター・タンチョウ観察センター
あかんこくさいつるせんたー・たんちょうかんさつせんたー

釧路市　MAPCODE 556 183 881*01

タンチョウ

　釧路管内でのタンチョウ3大給餌場の1つ。本館である阿寒国際ツルセンター「グルス」と、給餌時期のみ開館する分館の「タンチョウ観察センター」があり、給餌時期になると多数の観察者が訪れる。

　タンチョウは明治時代の乱獲と、湿原の開発により絶滅寸前まで激減したものの、少数が阿寒町に飛来。そのタンチョウの美しい姿に魅了された現給餌場の地主が、日本で初めて給餌を成功させたとともに、地域住民による保護活動等の結果、現在1,800羽を超える数にまで回復することとなった。

　現在も11～3月にはデントコーンを給餌し、その時期は多くのタンチョウがここに飛来する。12～2月の厳冬期には14時から活魚を給餌し、猛禽類とタンチョウの餌の奪いあいが見られていたが、2016年末より人為的誘因による鳥インフルエンザウイルス等への感染リスクを高めるとして休止している。

　タンチョウの施設というイメージが強いが、夏季には建物前庭や施設内にある野鳥観察に適したビオトープが解放されており、前日までに予約すればガイド付きでバードウォッチングが楽しめる。このビオトープでは、ノビタキやオオジュリンなどの草原性の野鳥や、夏季でも飛来するタンチョウが見られるほか、ガイド同行時のみ立ち入ることができる場所ではカワセミやヤマセミ、キセキレイやカワガラスなどの姿も観察できることがあり、一年を通して多数の野鳥を楽しめる場所でもある。

〔横山篤史〕

探鳥環境

ヤマゲラ

多いときで350羽ほどのタンチョウが飛来する。本館内ではタンチョウの生態を紹介する展示室やグッズ販売，子どもが遊べる遊具もある。野外飼育場ではマナヅルとタンチョウが飼育されており，通年で観察できる。

鳥情報

🐦 季節の鳥／
(春〜秋) ノビタキ，コサメビタキ，シジュウカラ，アオジ，オオジュリン，ヤマゲラ，ベニマシコ，カワセミ，ヤマセミ，カワガラス，キセキレイ，イソシギ
(冬) タンチョウ，オオハクチョウ，マガモ

🐦 撮影ガイド／
給餌場でのタンチョウ撮影は300mm程度でも可能。ただ，奥のほうや遠方から飛来する姿も撮影したいならそれ以上を勧める。また，ガイド付きのビオトープでのバードウォッチングの場合，400mm以上の装備は必要。なお，ガイドを受ける際は長靴が必須。

🐦 問い合わせ先／
阿寒国際ツルセンター【グルス】
Tel: 0154-66-4011
https://aiccgrus.wixsite.com/aiccgrus/center

❗ メモ・注意点／
● 給餌時期には多数の撮影者が訪れるため，マナーを守った行動を心がけよう。また，夏季にガイドを予約して訪問した際は，同じ場所での長時間滞在は控え，案内された場所以外へ立ち入ることは厳禁。

探鳥地情報

【アクセス】
■ 車：釧路空港から車で約20分，「阿寒IC」から車で約10分
■ 鉄道・バス：JR根室本線「釧路駅」から阿寒バスの阿寒線にて約60分，「丹頂の里」下車

【施設・設備】
阿寒国際ツルセンター【グルス】
■ 駐車場：あり
■ 開館時間：9:00〜17:00，年中無休
  分館のタンチョウ観察センターは11月1日〜3月31日まで開館，開館時間は時期により異なる
■ 入場料：高校生以上470円，小中学生240円
■ バリアフリー設備：本館対応
■ 食事処：タンチョウ観察センターに軽食施設あり。本館にソフトクリーム(1本300円)，飲料自販機あり。センター近隣の宿泊施設，赤いベレー内にレストランもある

【After Birdwatching】
● 阿寒湖と阿寒湖温泉：阿寒国際ツルセンターから約40km

タンチョウ観察センターには大勢の人が集まる

あっけしここはん・あっけしぎょこう
厚岸湖湖畔・厚岸漁港

厚岸郡厚岸町　MAPCODE 637 192 614*84

ウミアイサ

　厚岸湖は北から延びる砂嘴により厚岸湾と隔てられた海跡湖で，境に赤い厚岸大橋がある。ここでは低水温で成長が遅くなるという牡蠣の性質を利用し，長い時間栄養を取り続けて成長した牡蠣を一年中出荷している。

　ここはオオハクチョウの越冬地であり，冬になると多数飛来する。また，ホオジロガモ，スズガモなどのカモ類も多数見られ，結氷した湖面ではオジロワシやオオワシなどの姿が見られることも多い。夏になるとシギ・チドリ類が姿を現し，キアシシギやソリハシシギ，キョウジョシギやハマシギ，稀にチュウシャクシギが観察できることもある。また，カモメ類も多く観察でき，特にユリカモメが間近で見られるため，夏羽と冬羽による顔の色合いの違いなどを楽しめる。

　近くには厚岸漁港もあり，夏では稀にウミスズメ，冬になると多数のカモ類の姿を観察できる。そのような光景を見ながらしばらく待っていると，突如丸い姿が海面から浮き上がってくることがある。正体はアザラシが息継ぎで水面に出てくる姿なのだが，急に海上へ出現するので驚かされる。それも港湾観察での楽しみと言えるだろう。　〔横山篤史〕

探鳥環境

線路沿いの東側行き止まりの場所から見えるブロックを眺めた後は、南へと厚岸湖に沿って移動する。湖と道路の距離は近く、車内からでも十分観察できるだろう。その後は厚岸漁港へと向かうか、再度戻りつつ観察を続けるというルートの選択を行えば、十分バードウォッチングを楽しめるだろう。

鳥情報

🐦 季節の鳥／
(春～秋) キアシシギ、ソリハシシギ、キョウジョシギ、イソシギ、ウミウ、アオサギ、ユリカモメ
(秋～春) オオワシ、ウミアイサ、カワアイサ、スズガモ、コオリガモ、ホオジロガモ、クロガモ、ビロードキンクロ、ヒドリガモ、シノリガモ、キンクロハジロ、オオハクチョウ、カモメ、ヒメウ、オオワシ
(通年) オオセグロカモメ、オジロワシ

📷 撮影ガイド／
湖との距離は近いものの、広大な湖なので撮影には400mm程度の装備があるとよい。また、満潮時は水面も上昇するため、被写体と同じ目線の姿も狙える。春に氷が溶け始めるころには、厚岸湖近辺でオオハクチョウやワシ類と街の風景を絡ませたシーンを撮ることもできる。冬になると厚岸湖でも結氷が始まり、氷上で翼を休めるオオハクチョウやワシ類の姿も見られ、それも風景と絡ませて撮ることができるだろう。

⚠️ メモ・注意点／
● 道路幅は狭く、住宅地も近いことから、車の走行は注意しつつ、邪魔にならないようにしよう。また、漁業作業が行われているので、作業関係者の邪魔をせずに観察・移動するよう配慮しよう。
● 当地区では鳥インフルエンザの感染が確認された例もあるため、オオハクチョウを含む野鳥への給餌は当然だが禁止。距離を保ち、触れないように観察すること。

探鳥地情報

【アクセス】
■ 車：釧路市中心部から約48km
■ 鉄道・バス：JR根室本線「白糠駅」下車、徒歩約15分

【施設・設備】
■ 駐車場：なし
■ 入場料：なし
■ トイレ：なし
■ バリアフリー設備：なし
■ 食事処：厚岸味覚ターミナル　コンキリエ
4～10月／9:00～21:00、11～12月／10:00～19:00、1～3月／10:00～18:00、月曜休館（祝日の場合は火曜）　http://www.conchiglie.net/

【After Birdwatching】
● 厚岸水鳥博物館：厚岸町サンヌシ66　8:45～17:00、月曜休館（祝日の場合は火曜）、年末年始

キアシシギとソリハシシギ

おちいし
落石
根室市

MAPCODE® 423 031 068*26

エトピリカ

　野鳥の世界で落石の名を有名にしたのは何といっても「落石ネイチャークルーズ」だろう。エトピリカをはじめ、鳥好きなら誰もが見たいあこがれの海鳥を観察するクルーズ船として、2010年から漁船を使った運行が始まった。漁船での通年定期運航の野鳥観察クルーズはたいへん珍しく、根室市が先鞭をつけた野鳥観光の新たなツールのひとつとして脚光を浴びた。欧米などから訪れる外国人バーダーにも好評で、大人気のクルーズとなっている。

　エトピリカ以外にも、夏ならコアホウドリ、フルマカモメ、ハイイロミズナギドリ、ウミガラス、トウゾクカモメ、チシマウガラス、冬ならウミスズメ、コウミスズメ、ウミバト、エトロフウミスズメなど、港湾では観察機会の少ない鳥種の名がずらっと並び、クルーズのすばらしさがわかる。熟練のガイドが乗船し、通年運行しているのもうれしいポイントだ。もう1つ、ぜひ利用したいのは、リアルタイムでの情報発信だ。「落石ネイチャークルーズ」ホームページの掲示板には毎日「今日はこんな鳥が」という情報が掲載される。これをしっかり見ていれば、鳥の出現傾向を読み取り、乗船日を無駄なく決めることができるわけだ。もちろん天候などにより、予定していた運行ができなくなることもあるが、そうした状況も含め丹念にホームページをチェックしておくとよい。

　なお、落石岬の台地はコミミズクやチョウゲンボウ、ワシ類など猛禽の名所でもある。

〔大橋弘一〕

落石ネイチャークルーズ（写真提供：根室市観光協会）

探鳥環境

JR「落石駅」(無人駅)から約2.5kmで落石漁港。クルーズの乗船受付は港内の「エトピリ館」(落石ネイチャークルーズ協議会)で。完全予約制で，前日の午前中までに電話予約が必要。

鳥情報

季節の鳥／
(夏) エトピリカ，コアホウドリ，フルマカモメ，ハイイロミズナギドリ，ウミガラス，トウゾクカモメ，チシマウガラス，ウトウ，ハイイロミズナギドリ，オオミズナギドリ，トウゾクカモメ

(冬) ウミスズメ，コウミスズメ，ウミバト，エトロフウミスズメ，ウミガラス，ハシブトウミガラス，ケイマフリ，オオハム，シロエリオオハム，ビロードキンクロ，クロガモ，シノリガモ，コオリガモ，ウミアイサ，オジロワシ，オオワシ，シロカモメ，ワシカモメ

撮影ガイド／
船上では三脚は使用禁止なので，手持ち可能なカメラ(一眼レフなら400～500mm程度のレンズ)での撮影となる。

問い合わせ先／
落石ネイチャークルーズ協議会(エトピリ館)
Tel: 0153-27-2772
http://www.ochiishi-cruising.com/

メモ・注意点／
- 基本的に午前便・午後便の1日2便の運行で，夏は早朝便が加わる。
- 乗船前に係員から説明があるが，当然のことながら運航に関するさまざまなルールは厳守。また，未就学児童や障害のある人の乗船希望はあらかじめ相談すること。

探鳥地情報

【アクセス】
- 車：JR根室本線「根室駅」から約18km
- 鉄道・バス：JR根室本線「落石駅」下車，徒歩約40分

【施設・設備】
- 駐車場：あり
- 利用時間：24時間
- 入場料：なし
- 乗船料：中学生以上8,000円・小学生5,000円
- トイレ：船内にはなし(乗船前にエトピリ館で)
- バリアフリー設備：なし
- 食事処：
  根室市の市街地には飲食店・コンビニ多数あり

【After Birdwatching】
周辺には探鳥地以外の観光地は特にない。

落石岬にある湿原では，アカエゾマツの樹林下にミズバショウが咲く

春国岱

しゅんくにたい

根室市　MAPCODE 734 387 364*51

| 1 | 2 | 3 | 4 | 5 | 6 | 7 | 8 | 9 | 10 | 11 | 12 |

オオジュリン

　根室半島の付け根に位置する風蓮湖を，南東側から海と隔てている陸地が春国岱である。陸地といっても，海流によって運ばれた砂が堆積してできた砂州で，長さ約8km，最大幅約1.3km。ほとんど人の手が入っていない原始性の高さが魅力である。「7つの自然をもつ島」とも評され，砂丘，干潟，草原，森林などといった多様な環境がそろっている。また北海道の東端近くに位置する地理的要因もあって，非常に多くの渡り鳥に利用される場所となっている。これまでに約300種もの鳥が記録されている。

　海岸草原では，初夏の繁殖期にはノゴマ，オオジュリン，ベニマシコ，ノビタキなどが密度高く生息し，繁殖する。冬にはユキホオジロやベニヒワなど北方系の小鳥や，コミミズク，ハイイロチュウヒ，ケアシノスリなど猛禽類の楽園となる。

　湿地や水辺ではタンチョウが見られるほか，春と秋の渡りの時期にはシギ・チドリ類やカモ類が翼を休める。その種類と個体数は道東随一と言われるほどで，大群の圧倒的な存在感は感動的だ。

　また，砂丘上に発達したアカエゾマツ林は世界的にもたいへん貴重な植生であり，そのアカエゾマツ林内ではルリビタキが繁殖する。標高がほとんど0mの場所で亜高山帯の鳥が繁殖することも珍しい。林内ではクマゲラやヤマゲラもよく姿を現し，ミズナラなど広葉樹のある場所ではキビタキやアカハラが繁殖する。

〔大橋弘一〕

春国岱原生野鳥公園ネイチャーセンター

入口にある春国岱駐車場に車を停め，徒歩で探鳥する。ヒバリコース・ハマナスコース・キタキツネコースなどと名づけられた遊歩道を利用する。入口の手前にある「春国岱原生野鳥公園ネイチャーセンター」周辺の「小鳥の小道」遊歩道も楽しめる。

鳥情報

季節の鳥／
(春・秋)ミヤコドリ，ホウロクシギ，カラフトアオアシシギ，コモンシギ，チシマシギ，チュウシャクシギ，ユリカモメ，ヨシガモ，ヒドリガモ，シマアジ，トモエガモ
(冬)オオワシ，ケアシノスリ，ハイイロチュウヒ，シロハヤブサ，オオハクチョウ，クロガモ，ビロードキンクロ，アラナミキンクロ，ヒメハジロ，シロカモメ，ワシカモメ，ユキホオジロ，ベニヒワ，ハギマシコ
(夏)チュウヒ，カッコウ，アリスイ，ヒバリ，ノゴマ，ルリビタキ，ノビタキ，ウグイス，エゾセンニュウ，シマセンニュウ，センダイムシクイ，キビタキ，オオジュリン，ベニマシコ，ニュウナイスズメ，コムクドリ，アカアシシギ
(通年)オジロワシ，カワアイサ，タンチョウ，アカゲラ，オオアカゲラ，ミソサザイ，キクイタダキ，シマエナガ

撮影ガイド／
見通しのきく広大な場所なので，できる限り長いレンズがよい。または500mm程度のズームレンズで手持ち撮影となるが，カメラのクロップ機能なども利用したい。

問い合わせ先／
春国岱原生野鳥公園ネイチャーセンター
Tel: 0153-25-3047

メモ・注意点／
● 一般的なルール(観察路からはずれない，動植物を採取しない，ゴミは持ち帰る，火気の禁止など)は，ここが原生自然の場所であるだけに特に厳守しよう。

探鳥地情報

【アクセス】
■ 車：釧路市中心部から国道44号利用で約110km
■ 鉄道・バス：JR根室本線「厚床駅」(無人駅)から根室交通バス「厚床」行きで約30分，「東梅」下車，徒歩約2分

【施設・設備】
■ 駐車場：あり
■ 利用時間：24時間
■ 入場料：なし
■ トイレ：なし(ネイチャーセンターにあり)
■ バリアフリー設備：なし
■ 食事処：
周辺には飲食店もコンビニもない。約3.5km離れた道の駅「スワン44ねむろ」のレストランが最寄り

【After Birdwatching】
周辺には探鳥地以外の観光地は特にない。

流氷が見られることもある

はなさきこう・はなさきみさき
花咲港・花咲岬
根室市　MAPCODE 423 399 858*42

| 1 | 2 | 3 | 4 | 5 | 6 | 7 | 8 | 9 | 10 | 11 | 12 |

コオリガモ

　気軽に冬の海鳥観察ができる港・漁港が根室半島にはいくつもあるが、その代表的存在が花咲港だ。

　根室港（根室港区）とともに「重要港湾」に位置づけられる花咲港（正式名称は根室港花咲港区）は、水揚げ日本一となる年もあるサンマ漁のほか、サケやタラなどの漁の拠点となる港だ。長さ2km近くもある大きな港だが、案外近い距離から海ガモ類が見られる。冬ならほぼいつでも見られるのがコオリガモ、スズガモ、クロガモなど。ホオジロガモやシノリガモも多く、ビロードキンクロやアラナミキンクロが現れるときもある。アイサ類、ウミスズメ類、ウ類、カイツブリ類、カモメ類も多く、電柱などにはオオワシやオジロワシが止まっていたりする。観察・撮影は他の漁港と同様、車から降りずに窓からレンズを出すスタイルで楽しむ。

　一方、花咲港の東端に位置する花咲岬は、国の天然記念物「根室車石」という車輪のような形をした放射状節理の岩石がある場所として有名で、岬の一帯には遊歩道が設けられた景勝地となっている。ここには、北海道では決して多いとは言えないタヒバリが、11月ごろに渡り途中で立ち寄り、数多く見られる。そのころにはアリスイも見られ、ほかの鳥も渡りの際に利用している可能性がある場所だ。また、オオセグロカモメのコロニーがあり、繁殖期には車石の遊歩道沿いで抱卵や育雛の様子などが間近に見られる。

〔大橋弘一〕

岬の一帯に設けられた遊歩道

根室市外中心部から道道310号で花咲地区まで約5km。港内をゆっくり車を走らせながら鳥を探す。花咲岬へは花咲港小学校前から「車石」へと登っていく。

鳥情報

季節の鳥
(春・秋) タヒバリ, アリスイ
(冬) コオリガモ, クロガモ, シノリガモ, スズガモ, ビロードキンクロ, アラナミキンクロ, ホオジロガモ, ウミアイサ, ヒメウ, ウミウ, シロカモメ, ワシカモメ, ケイマフリ, ウミガラス, オオハム, アビ, オオワシ
(夏) オオセグロカモメ, ウミネコ, カッコウ, ヒバリ, ノゴマ, ノビタキ, ベニマシコ

撮影ガイド
港では, 車の窓からレンズ先端を出して撮影するのがよい。車から降りなければ鳥は思いのほか岸壁に近づいてくることもある。レンズは500〜600mm程度がベスト。花咲岬のオオセグロカモメのコロニーは200〜300mm程度のズームレンズが適しており, 標準レンズでもそれなりの撮り方ができる。

問い合わせ先
根室市観光協会　Tel: 0153-24-3104
http://www.nemuro-kankou.com/

メモ・注意点
- 根室市内の港・漁港は, 昆布盛, 歯舞, 友知, トーサムポロなど計13あり, 見られる鳥はだいたい同じなので, 花咲港以外も見てみるとよい。
- 例年1月または2月に行われる「根室バードランドフェスティバル」の際に, 漁港などを巡る探鳥会も行われる。

探鳥地情報

【アクセス】
- 車：釧路市中心部から国道44号・道道780号利用で約125km, 根室中標津空港から道道8号・国道44号・道道780号利用で約83km
- 鉄道・バス：JR根室本線「西和田駅」(無人駅)下車, 徒歩約40分

【施設・設備】
- 駐車場：なし（花咲岬にあり）
- 利用時間：24時間
- 入場料：なし
- トイレ：なし（花咲岬にあり）
- バリアフリー設備：なし
- 食事処：
  周辺には飲食店もコンビニもない。約5km離れた根室市中心部には多数あり

[After Birdwatching]
- 標津サーモン科学館：サケ科魚類に関する科学館で, 飼育展示をはじめ, サケが遡上する標津川の魚道がガラス越しに見られるなど, 生態展示に力を入れている。魚類に関する研究活動も行われている。
  http://s-salmon.com/

納沙布岬
のさっぷみさき

根室市　MAPCODE 952 158 792*32

1	2	3	4	5	6	7	8	9	10	11	12

チシマウガラス

　一般に「日本列島の最東端」と呼ばれる岬である。日本でいちばん早く初日の出が拝める場所として，テレビなどで紹介されることがある。正確には「一般人が自由に行き来できる場所で」という前提つきでの日本最東端だ。根室半島最大の観光地とも言えるが，バーダーにとっては冬の海鳥の重要な観察地として全国的に有名である。

　岬の最東端部に納沙布岬灯台があり，その足元に根室市が設置したハイド（野鳥観察舎）があるので，その中から鳥を探すのがいいだろう。冬なら眼下にホオジロガモやクロガモのおびただしい数の群れが見えるかもしれない。コオリガモやウミアイサ，シノリガモもいるはずだ。ビロードキンクロも見られるかもしれない。

　かつては毎冬コケワタガモの群れが見られたが，近年は途絶えている。しかし，最近は北海道への渡来例も出てきており，再びこの地に群れで渡来してくれることを夢見る人も多いだろう。

　ウミスズメ類も比較的よく観察され，たとえばコウミスズメやマダラウミスズメ，ウミバトなどを見られる可能性がある。

　岬の陸地にはハギマシコやベニヒワ，ユキホオジロなどが時折出現するので，海ばかりでなく地面にも注意しながら歩こう。オオワシ，オジロワシの飛翔姿も珍しくない。

　一方，夏はチシマウガラスが繁殖することもあり，注目される。　　　　　〔大橋弘一〕

探鳥環境

ハイド（写真提供：根室市観光協会）

岬の手前に「望郷の岬公園」があり，その一帯から北方の海は望むことができる。「北方館」には2階に両眼の望遠鏡があり，鳥を見るのに便利だ。鳥の数が多いのは東方で，灯台の所にあるハイドから見るのがベスト。風が強く，非常に寒い場所だが，ハイドに入れば風除けにもなる。

鳥情報

🔵 季節の鳥／
(冬) ホオジロガモ，コオリガモ，クロガモ，シノリガモ，スズガモ，ビロードキンクロ，ウミアイサ，ヒメウ，ウミウ，ウミスズメ，コウミスズメ，マダラウミスズメ，ウミバト，オオセグロカモメ，シロカモメ，ワシカモメ，オオワシ，オジロワシ，ハギマシコ，ベニヒワ，ユキホオジロ

🔵 撮影ガイド／
鳥までの距離はかなり遠く，撮影向きではない。どうしても撮る必要があるときには，デジスコなど相当高倍率の機材が必要だ。

🔵 問い合わせ先／
根室市観光協会
Tel：0153-24-3104
http://www.nemuro-kankou.com/

❗ メモ・注意点／
● ハイドに入るとしても相当な防寒が必要。寒さを避けて鳥を見たいなら北方館がよい。ただ，北方館2階の望遠鏡は本来は北方領土を見るためのものなので，混雑時は独り占めしないなど配慮が必要だ。

探鳥地情報

【アクセス】
■ 車：JR根室本線終点の「根室駅」から道道35号を利用して約23km
■ 鉄道・バス：JR「根室駅」前から根室交通バス「納沙布岬」行きで，所要約45分，終点「納沙布岬」下車，すぐ

【施設・設備】
■ 駐車場：あり
■ 利用時間：24時間
■ 入場料：なし
■ トイレ：あり
■ バリアフリー設備：なし
■ 食事処：
周辺に飲食店複数あり。ただし，冬は観光シーズンではないので営業していない場合が多い。コンビニ等の利用は根室市街中心部へ

【After Birdwatching】
● ニューモンブラン　Tel：0153-24-3301
根室のローカル料理「エスカロップ」発祥の店とされるレストラン「モンブラン」の味を受け継いでいる洋食店。もちろんエスカロップを食べてみよう。他に，根室の味としては「オランダせんべい」という菓子もおすすめ。

のつけはんとう
野付半島

野付郡別海町・標津郡標津町

MAPCODE 941 610 470*32

| 1 | 2 | 3 | 4 | 5 | 6 | 7 | 8 | 9 | 10 | 11 | 12 |

オオワシ

　知床半島と根室半島のちょうど中間あたりで，細長く海に突き出した半島である。長さは約26kmもあるのに，幅は最も細い部分では100m足らずという非常に細長い特異な形をした半島だ。これは，半島全体が潮の流れによって砂が堆積してできた「砂嘴(さし)」と呼ばれる陸地だから。そのため，国内最大の「砂の半島」とも呼ばれる。

　ここには海域，砂丘，草原，塩性湿地，原生林といった多様な環境があり，立ち枯れた木々のある独特な自然景観（ナラワラ，トドワラ）が人々を魅了する。まさに原生自然の地であり，私たちバーダーにとってはこれまでの記録種数240種という国内有数の探鳥地として全国に存在感を放つ存在となっている。

　一年中探鳥の魅力は尽きないが，中でもおすすめしたい時期は夏と真冬だ。夏は6月から7月にかけて，ノゴマ，コヨシキリ，ベニマシコ，シマセンニュウ，エゾセンニュウ，オオジュリンなど草原性の小鳥たちの生息密度が非常に高い。早朝，ネイチャーセンターから続く遊歩道を歩くだけで，初心者でも間近に鳥たちのさえずる姿に何度となく遭遇するだろう。日本で初めてここで繁殖が確認されたアカアシシギも見られる。

　冬は，12月後半くらいから2月にかけて，コミミズク，ハイイロチュウヒ，ケアシノスリなど猛禽類の有望な観察地となる。また，ユキホオジロやベニヒワ，ハギマシコなど冬の小鳥が見やすいのも大きな魅力だ。野付湾ではコクガンが多数越冬する。〔大橋弘一〕

探鳥環境

夏の野付半島

国道244号から道道950号に入れば野付半島の一本道だ。夏ならタンチョウのつがいがいる湿地，エゾカンゾウなどの花が咲き誇る原生花園，幽玄なトドワラの風景などを過ぎ，950号の起点からネイチャーセンターまで約16km。ネイチャーセンターの駐車場から先は徒歩で。

鳥情報

🐦 季節の鳥／
(春・秋) ヨシガモ，ヒドリガモ，オナガガモ，ハシビロガモ，キョウジョシギ，トウネン，ヒバリシギ，エリマキシギ，ミユビシギ，ツルシギ，アオアシシギ，キアシシギ
(冬) オオワシ，ケアシノスリ，ハイイロチュウヒ，シロハヤブサ，コミミズク，ハギマシコ，ベニヒワ，ユキホオジロ，ツグミ，コクガン，クロガモ，スズガモ
(夏) オオジシギ，アカアシシギ，ミサゴ，チュウヒ，チゴハヤブサ，アオバト，ジュウイチ，カッコウ，ツツドリ，ヒバリ，ショウドウツバメ，キセキレイ，ノゴマ，ノビタキ，ウグイス，エゾセンニュウ，シマセンニュウ，マキノセンニュウ，コヨシキリ，オオジュリン，ベニマシコ，コムクドリ
(通年) オオセグロカモメ，トビ，オジロワシ

🐦 撮影ガイド／
600mm程度の超望遠レンズが基本。三脚を使いたくない場合は400～500mm程度のズームレンズがよい。

🐦 問い合わせ先／
野付半島ネイチャーセンター　Tel:0153-82-1270

❗ メモ・注意点／
- 2016年にネイチャーセンターから約3km先（灯台駐車場から徒歩約5分）にハイド（野鳥観察舎）が完成。特に淡水池の鳥などが間近に見られるので利用したい。
- 半島から対岸になる「尾岱沼」もチェックしたい。
- 野付半島の道路はすべて漁業者などのための産業用道路なので，通行の妨げにならないよう配慮すること。

探鳥地情報

[アクセス]
- 車：根室中標津空港から国道272号・道道950号を利用して約39kmでネイチャーセンター。釧路からは約130km。半島内の探鳥スポットを巡る移動にも車が便利なのでレンタカーをおすすめする
- 鉄道・バス：定期バスは夏季のみ(7月中旬～8月中旬)阿寒バスの「トドワラ号」が釧路駅前と標津ターミナルから運行し，ネイチャーセンターまで行ける

[施設・設備]
- 駐車場：あり
- 利用時間：24時間
- 開館時間：9:00～17:00(4～10月)
  　　　　　9:00～16:00(11～3月)
- 入場料：なし
- トイレ：あり
- バリアフリー設備：あり(バリアフリートイレ)
- 食事処：半島入口から約4km離れた標津町の市街地に飲食店・コンビニあり

[After Birdwatching]
周辺に特に観光施設はない。

野付半島 | 139

しれとこはんとう
知床半島（ウトロ）

斜里郡斜里町　MAPCODE 757 603 546*68（知床自然センター駐車場）

1 2 3 4 5 6 7 8 9 10 11 12

オジロワシとオオワシ

　2005年に世界自然遺産に登録された，豊かな生態系を誇るフィールドである。知床峠ではギンザンマシコが時折観察できる。タイミングが合えば，すぐ近くのハイマツ上でさえずる姿が見られるだろう。周辺ではウソやカヤクグリ，ルリビタキなどのさえずりも聞かれる。

　知床自然センターからはフレペの滝へと続く遊歩道を歩いてみよう。林内を進むと，ほどなくして開けた草地に出る。黙々と草を食むエゾシカを横目に見ながら東屋へ向かうと，イソヒヨドリが陽気な歌声を聞かせてくれるだろう。目前の崖にはオジロワシが止まっていることがあり，上空にはアマツバメの大群が龍のごとく舞う光景が見られるはずだ。眼下の海上にはクルーズ船も見られるが，時間が許すならぜひウトロ港から乗船してみよう。愛らしいケイマフリや岸を歩くヒグマの姿が観察できる。ウトロ港内には秋から冬にかけてコウミスズメなどが入っていることがあるほか，カナダカモメやヒメクビワカモメなども稀に見られる。

　斜里へと向かう海岸線にはあちこちにオジロワシやオオワシが止まっており，クマタカやワタリガラスも時々見られる。オシンコシンの滝まで来たら車を停めて，歩道からスコープで海を観察してほしい。網走方面から知床岬へと向かう海鳥たちの移動コースになっているらしく，各種のウミスズメ類やアビ類，カモメ類などが見られるだろう。海が荒れると珍鳥に出会う可能性も高まるので，無理のない範囲で探鳥しよう。〔川崎康弘〕

  探鳥環境

オシンコシンの滝

今回はアクセスしやすい場所を選んで紹介した。網走方面から向かう場合は、本文とは逆にオシンコシンの滝からウトロ港、フレペの滝、知床峠とまわってもよい。ほかにも知床五湖などすばらしいところがたくさんあるので、数日滞在して自然遺産を満喫しよう。

鳥情報

季節の鳥
(春〜秋) アマツバメ、ギンザンマシコ、イソヒヨドリ
(冬) ウミスズメ類、カモメ類、アビ類、クマタカ、オオワシ、ワタリガラス
(通年) オジロワシ、ケイマフリ、キツツキ類、カラ類

撮影ガイド
レンズを1本に絞るなら、風景を含めた撮影もできる200〜500mm程度のズームレンズがおすすめ。フォトジェニックなフィールドなので、状況が許せば広角から望遠まで満遍なく用意したいところ。三脚は観光客が多いところでは迷惑になるので遠慮すべき。

問い合わせ先
知床自然センター Tel: 0152-24-2114

メモ・注意点
- ヒグマが多いエリアなので、早朝や夜間の単独行動は避けたほうがよい。観察・撮影の際、車は見通しのよい安全な位置に停め、短時間に留めること。弁当の残りやゴミ、飲み物などを絶対に捨てないこと。
- 知床自然センターでは熊撃退スプレーや長靴、スノーシューなどの各種レンタル用具がそろっていて便利。
- 自然観察をメインにするなら、ネイチャーガイドのプランを利用したほうがよい場合が多い。
  問い合わせ：知床斜里町観光協会
  Tel: 0152-22-2125
  http://www.shiretoko.asia/

探鳥地情報

【アクセス】
- 車：女満別空港から約100km、斜里町中心部からは約50km
- 鉄道・バス：知床までは女満別空港や札幌からの高速バスなどの便がある。知床での移動は定期観光バスがある。詳しくは斜里バス (http://www.sharibus.co.jp/index.html) まで

【施設・設備】
- 駐車場：あり
- 入場料：なし
- トイレ：あり（道の駅うとろ・シリエトクにもあり）
- バリアフリー設備：車椅子対応トイレあり
- 食事処：センター内で軽食がとれ、道の駅うとろ・シリエトクでも軽食や売店がある

【After Birdwatching】
- 道の駅の横には環境省の施設「知床世界遺産センター」があり、ヒグマやエゾシカなど知床に住む動物の写真や痕跡の模型などが展示されているほか、知床の自然のすばらしさと見どころ、利用にあたって守るべきルール・マナー、最新の自然情報などの周知活動を行っている。自然愛好家には興味深い展示が多いので「知床自然センター」とともにぜひ行ってみてほしい。
  Tel: 0152-24-3255
  http://shiretoko-whc.jp/whc/

斜里漁港

しゃりぎょこう

斜里郡斜里町　　MAPCODE 642 574 504*30

| 1 | 2 | 3 | 4 | 5 | 6 | 7 | 8 | 9 | 10 | 11 | 12 |

ゾウゲカモメ

　斜里漁港は知床半島の付け根に位置しており，堤防を隔てて斜里川の河口と隣接し，東西には砂浜が広がっている。小さな漁港ではあるが不思議と鳥が集まる好スポットで，一年を通してさまざまな種が見られ，カモメ類は種類・数ともに特に多い。秋風が吹き始める9月ごろからセグロカモメが増えはじめ，10月上旬にはピークを迎える。ワシカモメやシロカモメも徐々に増えていき，中にはカナダカモメやアイスランドカモメなどが混じっていることがある。カモメ類は漁港内の堤防にずらりと並んでいるほか，河口や周辺の砂浜にも多数休んでいるので，見落としのないようにしたい。秋に海が時化ると数百から千羽を超すほどのミツユビカモメが漁港内に避難してくるが，その中にアカアシミツユビカモメの姿を見ることもある。斜里漁港の目玉であるヒメクビワカモメは，主に12月から流氷接岸までがシーズンで，北西の暴風が吹き荒れる日こそ絶好機といえるが，ベタ凪の日に出現することもあって気が抜けない（ちなみにゾウゲカモメが記録されたのも曇天弱風の平穏な日であった）。

　カモメ類以外では海ガモ類やウミスズメ類，アビ類が多く見られ，冬はもちろんだが，越夏しているものも少なくない。秋から春にかけては周辺の荒れ地や砂浜でユキホオジロやベニヒワに出会うことも多く，春からはノビタキやベニマシコなどがちらほらと見られる。渡りの季節には河口の干潟や砂浜でシギ・チドリ類が見られるほか，キョクアジサシなど意外な珍鳥が記録されたこともある。〔川崎康弘〕

探鳥環境

淡いピンク色を帯びたヒメクビワカモメ成鳥のかわいらしさは格別

斜里漁港の中をひととおり見たら東側の砂浜をチェックし，斜里川に向かおう。河口周辺を見たあとは左岸側の町道を上流側へ向かい，JRの踏切を渡ってから左岸堤防に上がり，斜里川下流域で休んでいるカモ類などを観察したい。移動の途中もなにげない道端の雑草にベニヒワなどがいたりするので気を抜かないようにしよう。

鳥情報

🕊 季節の鳥／
(夏) ウトウ，海ガモ類 (越夏中)，アビ類
(秋〜春) カモメ類，海ガモ類，ウミスズメ類，アビ類，ユキホオジロ，ベニヒワ
(通年) オジロワシ

🕊 撮影ガイド／
　焦点距離が長いほうが有利なことはいうまでもないが，車内から観察・撮影する場合は比較的近くに寄れるので300〜400mmでも十分なことが多い。ヒメクビワカモメなどを狙う時は風が強い場合が多いので，取り回しのよい機材が有利。

🕊 問い合わせ先／
斜里町役場
Tel: 0152-23-3131
https://www.town.shari.hokkaido.jp/
知床斜里町観光協会
Tel: 0152-22-2125
http://www.shiretoko.asia/

❗ メモ・注意点／
● 冬に車で訪れる場合は，除雪されていないところには入らないこと。スタックの可能性だけでなく，ケーソンや漁具などが雪の下に隠れていることがあり，たいへん危険。猛吹雪のときは鳥を見ているうちに周辺の道路が通行止めになり，戻れなくなる可能性があるため，決して無理はしないこと。

探鳥地情報

【アクセス】
■ 車：女満別空港から約50km
■ 鉄道・バス：JR釧網本線「知床斜里駅」から徒歩5分。駅前にはバスターミナルがあり，女満別空港線や札幌からの高速バスなども停車する。詳しくは斜里バス (http://www.sharibus.co.jp/index.html) まで

【施設・設備】
■ 駐車場：あり（道の駅しゃり）
■ 入場料：なし
■ トイレ：道の駅しゃり，JR「知床斜里駅」が利用可
■ 食事処：斜里市街にはコンビニが数軒あるほか，ラーメン屋などの飲食店が多数ある

【After Birdwatching】
● 知床博物館では，世界自然遺産知床の貴重な生態系や気候風土，斜里町を中心とした地域の歴史・文化などについての展示・解説が見事。さまざまな出版物も購入できるほか，保護収容されているオジロワシやオオワシの見学もできる。
Tel: 0152-23-1256
http://shiretoko-museum.mydns.jp/

とうふつこ・こしみずげんせいかえん
濤沸湖・小清水原生花園

網走市, 斜里郡小清水町 305 448 044*48（濤沸湖）,958 080 636*28（小清水）

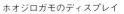
ホオジロガモのディスプレイ

　網走市と小清水町の間にある海跡湖が濤沸湖で，濤沸湖とオホーツク海を仕切っている砂嘴（さし）が小清水原生花園である。原生花園では5月の連休ごろから草原性の鳥たちが姿を現しはじめ，6月下旬にはセンニュウ類も到着して最盛期を迎える。ノゴマやシマセンニュウなど，この時期の早朝のコーラスはとても華やかだ。高台から海上を望むとクロガモやウトウなどが多数見られるほか，ハシボソミズナギドリ，ハイイロミズナギドリの大群も観察できることがある。

　濤沸湖は一年を通じて多種多様な鳥が見られるが，中でも春と秋の渡りの時期が最も楽しい時期だ。8月ごろから大陸で繁殖を終えたシギ，チドリ類の成鳥が見られるようになり，8月下旬から9月上旬にはトウネンの幼鳥のピークを迎え，湖はとてもにぎやかになる。ヘラシギが見られるのもこの時期だ。同じころ，ヒシクイの第一陣も到着し，湖岸にはタンチョウの親子連れの姿がよく見られるようになる。10月上旬にはオオハクチョウの第一陣が到着し，いよいよ冬に向かってカモ類の渡りも活性化してくると，ケアシノスリやコミミズクなどの猛禽類が姿を現しはじめる。11月になると湖は少しずつ凍りだし，12月には湖口付近の一部を除いてほぼ完全に結氷するが，間近でホオジロガモのユニークなディスプレイを観察できる機会が増える。厳寒期は鳥影が乏しくなるが，氷の緩む3月ごろからカモ類たちが増え，下旬から4月にかけては冬の間に死んだコイなどを食べるために100羽を超えるワシ類が集結し，壮観な光景が見られるようになる。

〔川崎康弘〕

 探鳥環境

オオハクチョウとキタキツネ

網走方面からアクセスする場合は，まず濤沸湖水鳥・湿地センターへ情報収集を兼ねて立ち寄ったあと，湖の周囲に点在する探鳥スポットをまわってもらいたい。小清水原生花園の遊歩道を散策する際にはスコープを持参し，高台から海上や濤沸湖をくまなくサーチすると，いろいろな発見があって楽しい。

鳥情報

◎季節の鳥／
(春・初夏) センニュウ類，ノゴマ，オオジシギなどの草原性鳥類
(春〜秋) タンチョウ
(渡り時期) ガンカモ，ハクチョウ類，シギ，チドリ類，猛禽類
(冬) ユキホオジロ，ベニヒワ
(通年) 海ガモ類，アビ類，ウミスズメ類，オジロワシ

◎撮影ガイド／
500〜600mmの望遠レンズがベターだが，風景も入れた写真を狙うなら300〜400mmでもよい。ほとんどの場所は車でアクセス可能でスペースにも余裕があるので三脚の使用も可能。

◎問い合わせ先／
濤沸湖水鳥・湿地センター　Tel: 0152-46-2400
http://tofutsu-ko.jp/lake-tofutsu/
小清水町観光協会　Tel: 0152-67-5120
https://koshimizu-kanko.com/
(小清水ツーリストセンター内)

❗メモ・注意点／
● 濤沸湖周辺域では自然観察や観光利用時のローカルルールを定めている。詳細は濤沸湖水鳥・湿地センターで確認のこと。

探鳥地情報

【アクセス】
■ 車：網走市中心部から国道244号で約15km
■ 鉄道・バス：白鳥公園へはJR釧網本線「北浜駅」より徒歩5分。平和橋へはJR釧網本線「浜小清水駅」より徒歩15分。小清水原生花園へはJR釧網本線「原生花園駅」で下車すればよいが，停車は夏季のみ。

【施設・設備】
■ 駐車場：あり
■ 入場料：なし
■ トイレ：あり
■ バリアフリー設備：身障者用トイレあり
■ 食事処：網走市北浜にはコンビニ1軒と，パスタやカレーがおいしい洋食屋がある。浜小清水には食堂や売店併設の道の駅，ラーメン屋や蕎麦屋などがある

【After Birdwatching】
● 小清水町産のじゃがいもをデンプンと北海道の海と畑のおいしい素材を原料としたフリッターおせん「ほがじゃ」の工場が近くにあり，製品をお得に購入できる。
● 2018年4月，「道の駅はなやか小清水」隣に，町内の探鳥スポットや観光案内等を行うビジターセンターと，大手アウトドアブランドの直営店が併設された「小清水ツーリストセンター」がオープン。バードウォッチングガイドのほか，双眼鏡や自転車のレンタルも行っている。

あばしりこう
網走港

網走市　MAPCODE 305 678 280*31

| 1 | 2 | 3 | 4 | 5 | 6 | 7 | 8 | 9 | 10 | 11 | 12 |

ウミガラス

　網走川の河口部から東へ広がる港湾が網走港である。秋から冬にかけては港内にたくさんのカモ類が集まるほか，大形カモメ類も多いので，北方系の〇〇ガモや▲▲カモメなど，あこがれの鳥を探してみるのもよいだろう。親水防波堤「ぽぽ260」からスコープで港内外を広く見渡してみると，ウミガラスやケイマフリの姿が観察できるだろう。稀にハシジロアビやマダラウミスズメなども港内に入ることがあるので，隅々まで丹念にチェックしたい。港内の堤防の上にはぽつりぽつりとオジロワシやオオワシの姿も見られ，建物の屋根の上にハヤブサが休んでいることもある。流氷が接岸すると，港内に残るわずかな開水面に周辺の海ガモ類などが集結するようになる。スズガモやシノリガモが大半だが，ビロードキンクロに混じってアラナミキンクロが入ったことも何度かある。

　道の駅は観光船乗り場にもなっており，4月下旬から10月いっぱいまではネイチャークルーズ船が，1月下旬から4月上旬までは流氷観光砕氷船が就航しているため，それらを利用してオホーツクの大海原へ出てみるのもおすすめである。網走はかつて国内屈指の捕鯨基地だったこともあって鯨類の姿が多く見られ，海鳥も多種多様である。4月下旬にはハシボソミズナギドリの大群が到着し，以降はウトウやフルマカモメなどに主役を譲りつつ，8月ごろからはカンムリウミスズメやコシジロアジサシなどが見られるようになる。11月に試験的に実施した海鳥クルーズではエトピリカやツノメドリ，ウミオウムなども確認されており，今後の事業化が期待される。

〔川崎康弘〕

ハシボソミズナギドリ。クルーズ船に乗るとこのような光景が見られるかもしれない。

道の駅を起点として徒歩での観察も可能。

鳥情報

季節の鳥／
(春～秋：クルーズ) ハシボソミズナギドリ, ハイイロミズナギドリ, アカアシミズナギドリ, フルマカモメ, ウミスズメ類, ヒレアシシギ類, トウゾクカモメ類, コシジロアジサシなど
(秋～冬) 海ガモ類, ウミスズメ類, アビ類, カモメ類, オジロワシ, オオワシなど

撮影ガイド／
港内の鳥は300～400mm程度でもよいが, 500～600mmの望遠レンズがあれば理想的。三脚の使用も可能。クルーズ船に乗る場合は200～400mm程度の比較的コンパクトな機材がおすすめ。三脚は不可。

問い合わせ先／
網走市観光協会
Tel: 0152-44-5849
http://www.abakanko.jp/

メモ・注意点／
- 漁業者など地域住民の活動の迷惑にならないよう, 十分に周りに気を配って観察を楽しみたい。
- 流氷接岸期には市内を巡る期間限定の観光バスなどもあるため, 事前に観光協会まで問い合わせるとよいだろう。

探鳥地情報

【アクセス】
- 車：女満別空港から約22km
- 鉄道・バス：JR釧網本線「網走駅」から知床エアポートライナー（バス）に乗車, 5分ほどで道の駅「流氷街道網走」に到着

【施設・設備】
- 駐車場：あり（道の駅流氷街道網走）
- 入場料：なし
- トイレ：あり
- バリアフリー設備：身障者用トイレあり
- 食事処：道の駅流氷街道網走にレストラン・売店がある

【After Birdwatching】
- 道の駅の対岸にある「モヨロ貝塚館」では, 謎が多いオホーツク人の遺跡について展示解説を行っている (Tel: 0152-43-2608　http://moyoro.jp/)。また, 車で15分の天都山には「北海道立北方民族博物館」があり, 日本はもとより世界各地の北方民族に関する資料などが展示されていて興味深い。

モヨロ貝塚館

あばしりこ
網走湖

網走市　MAPCODE 305 582 518*81（鉄道トンネル脇駐車帯）

1	2	3	4	5	6	7	8	9	10	11	12

コアカゲラは湿った林を好み、秋から冬にはヨシ原で採食していることも多い

　網走市から大空町女満別にかけて広がる周囲約39kmの湖で、湖岸には大径木が多く残る湿性林が広がり、探鳥に適した環境が多い。湖口付近は厳寒期でも結氷しないことからスズガモやマガモなどのカモ類の姿が多く、湖岸の木々に止まって獲物を探しているオジロワシやオオワシもよく見られる。秋から冬にかけてはヤマセミが現れることもある。

　呼人浦キャンプ場に流れ込む白羽川では秋から冬にかけて遡上するサケを狙ってワシ類が集まり、若いクマタカの姿も時々見られる。呼人探鳥遊歩道は北海道の平地から低山帯に生息する鳥の多くが観察でき、コアカゲラが比較的観察しやすいことでも有名だ。呼人漁港や南西側の湖上・湖畔林では、氷下漁のおこぼれを狙って1月ごろからワシ類が集結するようになり、多い時で200羽を超えるほどの数が見られる。呼人から女満別にかけての湖畔林は、一部が町指定の天然記念物にも指定されており、ハンノキやヤチダモの大径木が多く、アオサギの道内最大級のコロニーがある。ミズバショウなどの湿性植物も多様性に富んでいて、春からは野草観察も楽しめる。湖よりも上流側の網走川沿いには、水稲や小麦などの耕作地が広がり、渡りの時期にはヒシクイやマガンが見られ、時にシジュウカラガンなども混在していることがあるほか、近年はタンチョウもしばしば見られるようになった。女満別空港にもほど近いので、「もうちょっと時間があるな」という際にはぜひ訪れてもらいたいフィールドである。

〔川崎康弘〕

呼人地区のミズバショウ群落

湖口付近は鉄道トンネル脇の駐車帯に車を停め，歩道を歩きながら観察するとよい。呼人探鳥遊歩道は入口の脇に駐車スペースがある（看板あり）。呼人から女満別にかけての湖畔林には道路があるが，原則として漁業者以外は乗り入れ禁止となっているため，徒歩で散策すること。

鳥情報

季節の鳥／
(春〜秋) オシドリ，ヨシガモ，オカヨシガモ，カワアイサ，カワセミ
(渡り時期) ヒシクイなどのガン類，タヒバリ
(冬) スズガモ，オオワシ，ミヤマホオジロ
(通年) オジロワシ，コアカゲラ，ヤマゲラ

撮影ガイド／
500〜600mm程度の望遠レンズがベター。林の鳥は300〜400mmでも可。

問い合わせ先／
網走市観光協会
Tel: 0152-44-5849
http://www.abakanko.jp/
オホーツク大空町観光協会
Tel: 0152-74-4323
http://www.ooz-kankou.com/

メモ・注意点／
- 漁業者や農家の迷惑にならないよう，駐車位置などには十分に注意したうえで，積極的に挨拶をするなど，イメージ向上にご協力願いたい。
- 呼人浦キャンプ場は4月下旬〜9月下旬までキャンプ可能(無料)。

探鳥地情報

【アクセス】
- 車：呼人地区へは網走市中心部から約10km，女満別地区へは約20km
- 鉄道・バス：女満別空港線か美幌線のバスで，呼人浦キャンプ場へは「観光ホテル前」，呼人探鳥遊歩道へは「養護学校入口」，女満別湖畔へは「湖畔入口」下車(ただし，湖よりも上流側は広大で交通の便も悪く，徒歩での探鳥は難しいため，車の利用をおすすめする)

【施設・設備】
- 駐車場：あり
- 入場料：なし
- トイレ：あり
- 食事処：網走市大曲と大空町女満別にコンビニがある

【After Birdwatching】
- 網走湖東側の天都山にある「オホーツク流氷館」では-15℃の世界で本物の流氷に触れることができ，流氷の海の生き物の見学もできる。地場産食材を多用したレストランもある。
Tel: 0152-43-5951
http://www.ryuhyokan.com/
- 網走湖畔には重要文化財にも指定された本物の監獄を移設した「博物館網走監獄」があり，北海道開拓の歴史などが学べるほか，監獄食を味わうこともできる。
Tel: 0152-45-2411
http://www.kangoku.jp/

のとろこ・のとろみさき
能取湖・能取岬

網走市　MAPCODE 525 628 357*74（能取湖）　MAPCODE 991 104 012*07（能取岬）

エリマキシギとオグロシギ。湖岸で静かに待っていると，すぐそばまでやって来る

　網走市街の北12kmほどに位置する，海へ突き出した台地が能取岬である。台地の縁には事故防止用の木柵が設置されており，この柵に沿うように歩きながら眼下の海上に浮かぶ海鳥たちをじっくり見ていこう。秋から冬にかけてはシノリガモが非常に多いが，その中にケワタガモやコケワタガモが混在していたこともあるので丹念に探すとよい。ウミガラス類やウミバトなどのウミスズメ類も見られるほか，シロエリオオハムの大群が見られることもある。春から夏にかけては水平線を埋め尽くすようなハシボソミズナギドリ，ハイイロミズナギドリの大群も見られるだろう。冬にはオオワシやオジロワシが悠然と舞い，時折ワタリガラスが鳴きながら上空を通過していくこともある。雪が吹き飛ばされて地表が露出しているところにはハギマシコが見られ，ユキホオジロやツメナガホオジロも珍しくない。

　能取岬の西に広がる海跡湖が能取湖で，渡りの時期には水鳥が多く渡来する。8月末には全国で最も早くヒシクイが渡来し，ピーク時には3,000羽を超す群れが見られる。シギ・チドリ類も多く，湖岸には群れが見られるが，観察しやすい場所は限られている。おすすめなのは湖の南側に位置した卯原内地区。観光ポイントともなっているサンゴ草群生地や隣接した漁港の西側の干潟は鳥との距離が比較的近く，観察しやすい。年によってばらつきはあるが，過去にはヨーロッパトウネンやヒメハマシギ，ヘラシギなどが確認されている。トウネンのピークは例年8月下旬〜9月上旬ごろなので，その時期を狙ってみるのもよいだろう。

〔川崎康弘〕

探鳥環境

春・秋の渡りシーズンなら真っ先に能取湖の卯原内や能取漁港付近の干潟などでシギ・チドリ類やヒシクイを観察してみよう。冬なら能取岬でさまざまな海鳥や猛禽類とワタリガラス，そしてハギマシコなどの小鳥たちを探してから能取湖の湖口へ向かうのがおすすめだ。結氷した湖の上にオオワシやオジロワシのほか，ゴマフアザラシが数百頭寝転んでいる姿が見られるかもしれない。

鳥情報

季節の鳥
(春・秋) トウネン，ハマシギ，キアシシギなどのシギチドリ類，ヒシクイ，オオハクチョウ
(春〜秋) ミズナギドリ類，ノゴマ，イソヒヨドリ
(冬) シノリガモなどの海ガモ類，アビ類，ウミスズメ類，オジロワシ，オオワシ，ワタリガラス，ハギマシコ，ユキホオジロ

撮影ガイド
能取岬から海上の鳥を狙う場合，焦点距離はできるだけ長いほうがよい。デジスコがベター。風が強いのでしっかりとした三脚が必要だ。能取湖では600mm程度の望遠レンズが理想だが，シギ・チドリは静かに待っていればすぐ近くまで来るので，300mm程度で十分な場合もある。

問い合わせ先
網走市観光協会　Tel: 0152-44-5849
http://www.abakanko.jp/

メモ・注意点
- 能取岬の公衆トイレは11〜1月ごろは閉鎖されている可能性が高いので，その時期に訪れる場合は事前に市街で済ませておくようにしたい。
- 木柵によりかかると危険なので注意。風雪が強く見通しが悪い場合は無理をしないように。
- 能取湖では漁業者の迷惑にならないよう十分配慮すること。挨拶や会釈をするなどマナーに気をつけよう。

探鳥地情報

【アクセス】
- 車：網走市中心部から能取岬へは道道76号を北上し，約12km。能取岬から能取湖卯原内地区までは道道76号を南下し，約20km。網走市街から卯原内地区までは国道238号で約15km

【施設・設備】
- 駐車場：あり
- 利用時間：24時間
- 入場料：なし
- トイレ：あり
- バリアフリー設備：あり（バリアフリートイレ）
- 食事処：網走市街に食事処，コンビニ多数

【After Birdwatching】
- 能取岬は中国映画『狙った恋の落とし方。（原題「非誠勿擾」）』や，堺雅人さん主演の『南極料理人』の撮影地として，近年映画ファンが数多く訪れている。

卯原内地区のサンゴ草（アッケシソウ）群落

さろまこ・わっかげんせいかえん
サロマ湖・ワッカ原生花園

常呂郡佐呂間町, 北見市 MAPCODE 955 054 638*21 (サロマ湖), 525 761 634*80 (ワッカ)

1	2	3	4	5	6	7	8	9	10	11	12

ワッカ原生花園はノゴマなどの草原性鳥類の宝庫

　サロマ湖は日本最大の汽水湖で，25kmにもおよぶ長大な砂嘴でオホーツク海と仕切られている。百花繚乱の海岸草原であるこの砂嘴こそが「ワッカ原生花園」であり，北海道の草原性の鳥の大半が観察できる。ネイチャーセンターのアンテナや周辺の木柵では，ノゴマやノビタキがさえずる姿がよく見られ，遊歩道を歩けばハマナスの茂みの上で鳴くシマセンニュウやマキノセンニュウにも出会えるだろう。レンタサイクルや観光馬車などもあるので，体力や同行者の趣味に合わせてそれらを利用してもよい。森林性の鳥ならば，「遺跡の森」や，湖の南岸の森にある「湖畔遊歩道」や「幌岩山」がおすすめ。前者は明るい広葉樹主体の森でコサメビタキやキビタキなどが多く，後の二者はうっそうとした針広混交林で，クマゲラに出会うこともある。

　ワッカと幌岩山の間にある，湖に突き出した形の砂嘴は「キムアネップ岬」といい，渡りの時期になると紅いカーペットのようなアッケシソウの群落の中に，タカブシギやトウネンなどのシギ・チドリ類が見られ，周辺の水域はカモ類でにぎわう。また，すぐ近くの佐呂間別川の河口にはアジサシの大群が集結するので，珍アジサシが混じっていないか探してみるのもおもしろい。冬には湖のほぼ全域が結氷するが，氷の上にはオオワシやオジロワシが点々と散らばり，湖口付近の氷上にはゴマフアザラシが数百頭寝転がっている光景が見られるはずだ。広大な北海道らしい自然の風景と生き物たちの姿を，ぜひ堪能していただきたい。

〔川崎康弘〕

探鳥環境

152 ｜ サロマ湖・ワッカ原生花園

一日で全域を堪能することは不可能なので，できれば数日滞在し，今日はここ，明日はあそこ，と狙いを絞り，時間をかけてじっくり回ってみたい。体力に自信があれば，ワッカ原生花園の先端まで行ってみても楽しいだろう（飲み物は忘れずに）。

鳥情報

🔍 季節の鳥

(春・秋) トウネン，ホウロクシギなどのシギ・チドリ類，オオハクチョウ，コガモ，オナガガモ，ハシビロガモなどのカモ類，アジサシ

(夏) ノゴマ，センニュウ類，ホオアカ，オオジュリン，ノビタキ，オオジシギなどの草原性鳥類，キビタキ，ヤブサメ，クロツグミ

(冬) オオワシ，オジロワシ，コミミズクなどの猛禽類

(通年) クマゲラ，ヤマゲラ，エゾライチョウ

🔍 撮影ガイド

水辺や草原性の鳥が主目的の場合，焦点距離は長いに越したことはない。幌岩山や湖畔遊歩道で森林性の鳥を目的とする場合は取り回しのよい機材がベター。

🔍 問い合わせ先

常呂町観光協会 Tel: 0152-54-2140
佐呂間町観光物産協会 Tel: 01587-2-1200

❗ メモ・注意点

● 三脚使用の場合，脚を草原や湿原内に入れないように注意。ワッカ原生花園は自転車の通行が多いため，三脚は迷惑となることが多い。一脚や杭を上手に使うなど工夫したい。餌をくわえていたり，警戒声を発している個体は基本的にスルーし，観察・撮影は最小限に留めること。

探鳥地情報

【アクセス】

■ 車：ワッカなどがある栄浦地区へは，網走市中心部から国道238号で約40km。キムアネップ岬へは国道238号で約48km。湖畔遊歩道や幌岩山へのアクセス方法はいくつかあるが，どちらも国道238号沿いにある道の駅サロマ湖を起点とするのがわかりやすい

【施設・設備】

ワッカ原生花園ネイチャーセンター
Tel: 0152-54-3434
■ 駐車場：あり
■ 開館時間：8:00～17:00（4月29日～10月の体育の日まで，6～8月は18:00まで，期間内無休）
■ トイレ：あり（道の駅サロマ湖のトイレは24時間利用可）
■ バリアフリー設備：あり（バリアフリートイレ）
■ 食事処：喫茶スペースがあるほか，レンタサイクルの貸し出しなどがある。栄浦地区や常呂町・佐呂間町市街には食事をできるお店が多数

【After Birdwatching】

● この地域には海獣狩猟や漁労を中心としたオホーツク文化と呼ばれる古代の遺跡が数多く残っている。「ところ遺跡の森」はそれらの解説や出土品の展示などを行っており，考古学ファンならずとも魅力的な場所です。Tel: 0152-54-3393
http://www.city.kitami.lg.jp/docs/7209/

サロマ湖・ワッカ原生花園 | 153

おけと湖

おけとこ

常呂郡置戸町　MAPCODE 745 403 898*76

ミサゴ

北海道東部のオホーツク・十勝両地域の境界に位置する人造湖。周辺一帯は懐の深い針広混交林が広がり，北海道の山野の鳥の大半が観察できる。湖畔にある「森林体験交流センター」前の広場には広々とした駐車場や公衆トイレがあり，さわやかな空気の中，のんびりと過ごすことが可能。

眼下に広がる湖面には，マガモやカワアイサなどが見られ，夏には雛連れのほほえましい姿を見ることができるだろう。湖上には，魚影めがけて豪快にダイビングするミサゴの姿もよく見られる。周辺の森には多種多様な鳥たちが生息しており，早朝にはアカハラなどのツグミ類のコーラスがにぎやかだ。クマゲラやヤマゲラも多く生息しており，鳴き声やドラミングの音を頼りに探すと意外と簡単に目にすることができる。よく晴れた日には湖を囲む稜線に沿ってノスリやハイタカなどの猛禽類が弧を描き，クマタカやオジロワシといった大物もしばしば出現するので要チェックだ。エゾライチョウは湖よりも上流側の未舗装路をゆっくり流していると出会えるが，7月ごろからは雌が幼鳥を連れて道路を横断することが多いので，運転は特に慎重にしたい。また，ほかの車両の通行の邪魔にならないよう，適当なスペースに車を停めて近くを散策すれば，いろいろな小鳥たちが楽しめる。コサメビタキとサメビタキが同時に見られたりするのが興味深い。夜にはフクロウやコノハズク，ヨタカなどの声が聴かれるが，ヒグマの多いエリアなので車からは離れないように。

〔川崎康弘〕

探鳥環境

森林体験交流センター前の広場など，道路沿いにところどころある駐車スペースに車を停め，のんびりと時間をかけて鳥を探したい。道路脇の木にクマゲラが止まっていたかと思えば，頭の上をクマタカが飛ぶという環境なので，気を抜かずに楽しもう。

鳥情報

季節の鳥／
(春～秋) マガモやカワアイサなどのカモ類，ハリオアマツバメ，ミサゴ，ムシクイ類，ツグミ類，ヒタキ類，カラ類など
(通年) エゾライチョウ，クマゲラ，ヤマゲラ，クマタカなど

撮影ガイド／
湖でミサゴやカモ類などをメインに撮影する場合は500mm以上の望遠レンズがほしいところ。湖畔では三脚も使用可能だが，一方，林道周辺の散策などでは焦点距離よりも取り回しの良さを重視したほうがよい。山野草や昆虫も多いので，マクロレンズがあるとさらに楽しめるだろう。

問い合わせ先／
置戸町役場　Tel: 0157-52-3311
http://www.town.oketo.hokkaido.jp/

メモ・注意点／
● ヒグマの多いエリアのため，早朝や夜間はなるべく車から離れないようにすること。5月下旬や10月上旬に積雪となる場合があるため，天気予報もあらかじめチェックしておきたい。周辺にコンビニや飲食店はないので，お弁当や飲み物などは事前に用意しておくこと。携帯電話がほとんど通じないので，くれぐれも事故などのないように。

探鳥地情報

【アクセス】
■ 車：置戸町市街から道道211号と1050号で約22km
※湖よりも上流側の道道・林道は5月下旬まで通行止めとなっている場合があるので注意

【施設・設備】
森林体験交流センター(詳細は置戸町役場に要問い合わせ)
■ 駐車場：あり
■ 入場料：なし
■ トイレ：あり
■ 食事処：周辺に食事ができる施設はない

【After Birdwatching】
● 置戸町は木工芸が盛んな町で，「オケクラフトセンター森林工芸館」ではすてきな木の器などを展示販売している。一見の価値あり。Tel: 0157-52-3170
http://okecraft.or.jp/

ヤマゲラ

column

北海道は「野鳥観光」の先進地

文・写真●大橋弘一

　撮影であれウォッチングであれ，野鳥を趣味にする人の近年の増加は明らかで，これにインバウンドと呼ばれる外国人バーダーの増加が加わり，今や「野鳥」は一つの観光資源として見られるようになってきている。この流れを生み出し，加速させているのは，北海道各地の自治体による「野鳥観光」推進の取り組みにあるのではないだろうか。

　小笠原諸島や伊豆諸島，あるいは舳倉島をはじめとする日本海側の離島など，北海道以外でももちろん古くから野鳥を目的とした旅行者が多い場所はたくさんある。北海道でも天売島や冬の釧路湿原のタンチョウ観察地などがそれに該当するだろう。しかし近年は，それら「老舗」とは異なる新たな観光資源として野鳥を位置づける動きが北海道各地で盛んになってきているのだ。

　その先鞭をつけたのは根室市である。根室市は地域振興策の一つとして「野鳥観光」に取り組み，2010年に漁船を使った海鳥ウォッチングクルーズ船の

広域釧路エリアの野鳥の魅力を発信するパンフレット

根室市の海鳥観察クルーズ船「落石ネイチャークルーズ」

運航開始，要所要所にハイドと呼ばれる野鳥観察小屋の設置，ウォッチングツアーのきめ細かな実施やガイドの養成など，多彩な施策で多くのバーダーの呼び込みに成功した。

　これが北海道の観光業界に一石を投じ，稚内市，斜里町，北斗市，利尻富士町などの観光協会がこれに続けとばかりに動きはじめた。老舗組の釧路周辺自治体や天売島なども含め，「鳥で人を呼ぶ」ことに真剣に取り組む自治体が次々と出てきたのだ。最近では，オホーツク海側の小清水町も「花と野鳥の町」を宣言し，アウトドア用品メーカーとのタイアップで野鳥観光を推進するなど，新しい動きが続いている。

　そして，北海道全域の観光振興を担う「北海道観光振興機構」までもが2017年から野鳥に特化した観光に取り組みはじめている。道東の自治体から始まった野鳥観光推進の動きが，ついに北海道全体の観光メニューの一つとして動き出した。今後，北海道の野鳥観察の環境はますます整い，さらにその魅力が高められていくに違いない。

コムケ湖・シブノツナイ湖

こむけこ・しぶのつないこ

紋別市　MAPCODE 1040 002 355*43（コムケ国際キャンプ場）

シマセンニュウ

　オホーツク海沿岸には，直線的な海岸線に沿って砂州が発達し，大小の海跡湖（ラグーン）や湿地帯がいくつも見られる。紋別市〜網走市には，目立つものだけでも7つの湖が点在し，いずれも汽水湖で海とつながっている。そのため，干満の影響を受けて干潟が出ること，平均水深1〜8mと浅いことから，藻類などが茂り，豊かな生物相が育まれている。これらは水鳥の優れた採食場となっており，特にシギ・チドリ類やカモ類など渡り鳥にとっては非常に重要な寄留地といえる。また，湖沼周辺の海岸草原は草原性の鳥たちの格好の繁殖地となっており，海浜性の花が咲く時期には，北海道らしい花と鳥の組み合わせが楽しめるだろう。

　中でもコムケ湖とシブノツナイ湖の一帯は，湿地と沼と原生花園がそろっているおかげで，250種以上もの鳥が記録されるすばらしいフィールドである。最もおすすめの時期は6〜7月，海岸の原生花園にハマナスやエゾカンゾウなどの花々が咲き誇る中で，ノゴマ，ベニマシコ，オオジュリン，ノビタキなどが存分にその姿と歌声を披露してくれる。シブノツナイ湖畔ではマキノセンニュウも見られ，オカヨシガモが繁殖する。また，コムケ湖は大きな干潟が出現する部分もあり，道内第一級のシギ・チドリ類観察地として有名で，ヒメウズラシギ，コモンシギなどを含む46種ものシギ・チドリ類が記録されている。

〔大橋弘一〕

コムケ湖西端の川 　　　　海を背景にした草原

ノゴマ

コムケ湖は3水域に分かれ，いずれへも国道238号から入る道路がある。湖の北側の道路は未舗装路で積雪期は通行できない。シブノツナイ湖はコムケ国際キャンプ場から東へ向かい，湖北岸の海岸草原へ出るのが唯一のアプローチだ。

鳥情報

季節の鳥／

(春・秋)メダイチドリ，ダイゼン，ムナグロ，トウネン，ハマシギ，オバシギ，アオアシシギ，キアシシギ，ホウロクシギ，オグロシギ，オオソリハシシギ，アカエリヒレアシシギ，アジサシ，カワウ，コハクチョウ，ハシビロガモ，セグロカモメ，ユリカモメ，カモメ，アマツバメ，タヒバリ，ルリビタキ，カシラダカ
(夏)ノゴマ，ベニマシコ，オオジュリン，ノビタキ，コヨシキリ，ツメナガセキレイ，シマセンニュウ，マキノセンニュウ，アリスイ，モズ，アオサギ，チュウヒ，オオジシギ，カッコウ，ニュウナイスズメ，ショウドウツバメ，アオバト，オカヨシガモ，クイナ，シマアジ
(冬)オオワシ，ヒメウ，コオリガモ，ホオジロガモ，カワアイサ，シロカモメ，ワシカモメ，ユキホオジロ，ウソ
(通年)アカゲラ，オオアカゲラ，コアカゲラ，コゲラ，シマエナガ，ハシブトガラ，シジュウカラ，ゴジュウカラマガモ，オジロワシ，ハヤブサ

撮影ガイド／

フィールドが広大なため，鳥までの距離が遠いことが多く，600mm程度の超望遠レンズが欲しい。デジスコなど高倍率の機材を使うのもよい。

問い合わせ先／

紋別観光振興公社
Tel：0158-24-3900　http://mombetsu.net/

探鳥地情報

【アクセス】
- 車：旭川から道央自動車道・旭川紋別道・「丸瀬布IC」・国道333号・242号・238号利用で約155km
- 鉄道・バス：JR石北本線「遠軽駅」から北見バスの湧別・紋別方面行きに乗り「キャンプ場入口」下車(約50分)

【施設・設備】
- 駐車場：あり
- トイレ：なし
- 食事処：周辺には飲食店・コンビニなし。約20km離れた紋別市中心部または湧別町市街地には飲食店・コンビニ多数あり

【After Birdwatching】
周辺に特に観光施設はない。

⚠ メモ・注意点／
- コムケ湖では日本野鳥の会オホーツク支部主催の探鳥会が行われる。
- コムケ湖北岸の未舗装路は道幅が狭く，通行に際して漁業者など地元の人への配慮が必要。
- シブノツナイ湖の北側の未舗装路は一本道で，ところどころに駐車スペースがあるほかは，車のすれ違いはできない。他車がいなければ車中からの撮影も可能だが，夏の最盛期は訪れる人が多いので無理だろう。譲りあって通行するなどの配慮を忘れずに。

コムケ湖・シブノツナイ湖

オムサロ原生花園

おむさろげんせいかえん

紋別市　MAPCODE® 401 500 735*25（オムサロ・ネイチャービュー・ハウス）

| 1 | 2 | 3 | 4 | 5 | 6 | 7 | 8 | 9 | 10 | 11 | 12 |

ベニマシコ

　北海道にはいわゆる「原生花園」と呼ばれる草原が20か所以上ある。野生の花が咲く海岸草原を指し，ハマナス，エゾカンゾウ，センダイハギ，ヒオウギアヤメなど色とりどりの花が北海道らしい自然景観を作り出している。そういう場所は例外なく草原性の鳥たちの繁殖地でもあり，ノビタキやノゴマ，コヨシキリなどが観察しやすいフィールドである。

　北海道に数ある原生花園の中でも，鳥の密度と見られる距離の近さの点で最高レベルのフィールドが，オムサロ原生花園だ。ここは紋別市街地から北西約8kmに位置し，渚滑川（しょこつがわ）の左岸河口部に茫漠と広がる原野である。北西端にある駐車場から数百mの間には遊歩道が張り巡らされており，探鳥しやすい。花が目当ての団体客は入口近くを散策することが多いので，少し奥へ入るのがおすすめだ。人波に煩わされることなく，ゆっくり鳥を探すことができる。ノゴマやシマセンニュウといった北海道らしい夏鳥はもちろん，ベニマシコやオオジュリンなどの夏羽の色鮮やかな姿も本州のバーダーには新鮮だろう。同じ種でも見られる季節が本州と異なるのも北海道らしい特徴の1つなので，ぜひ観察してほしい。原生花園らしくハマナスなどの花との組み合わせで小鳥たちの姿を楽しめることも，北海道の草原のはずせない魅力だ。

〔大橋弘一〕

探鳥環境

原生花園内の池に架かるオムサロ橋

エゾスカシユリの花

国道238号に「オムサロ原生花園」の大きな表示がある。広い駐車場があり，その右手が原生花園の入口だ。国道を500mほど紋別市中心部寄りに行った地点にも未舗装の駐車スペースがある。

鳥情報

季節の鳥／
(夏)ノゴマ，ノビタキ，オオジュリン，コヨシキリ，シマセンニュウ，エゾセンニュウ，マキノセンニュウ，ベニマシコ，ツメナガセキレイ，カワラヒワ，ニュウナイスズメ，アオジ，チュウヒ，カッコウ，アリスイ，ヒバリ，ウグイス，アオサギ，カイツブリ，モズ，アカモズ，オオジシギ，アオバト
(通年)トビ，オジロワシ，オオセグロカモメ，ウミウ，ハクセキレイ，ハイタカ

撮影ガイド／
遊歩道のすぐそばで姿を見せてくれる鳥もいるほど，全体的に鳥までの距離が近いので，400〜500mmのズームレンズで手持ちで撮影できる。アップで撮りたい場合などはもちろん600mmも有効なので撮影意図によって使い分けよう。

問い合わせ先／
紋別観光振興公社　Tel：0158-24-3900
http://mombetsu.net/

メモ・注意点／
● 鳥への距離が近いのはうれしいが，「繁殖中の鳥にむやみに近づいてはいけない」という，バーダーとしての常識が試される場所でもある。雛への給餌といった場面が見られたら離れること。また，巣の前に留まるような行動は慎みたい。
● 探鳥会は日本野鳥の会オホーツク支部の主催で行われる。

探鳥地情報

【アクセス】
■ 車：旭川から道央自動車道・旭川紋別道「浮島IC」・国道273号・238号利用で約146km
■ バス：紋別バス興部線「紋別高校」より乗車「川向4線」下車

【施設・設備】
■ 駐車場：あり
■ トイレ：あり
■ バリアフリー設備：身障者用トイレあり
■ 食事処：なし。飲食店は約8km離れた紋別市中心部に多数あり。コンビニは紋別寄りに約2.5km進んだところにある

【After Birdwatching】
● オホーツクタワー：紋別港の防波堤突端に設けられた流氷展望塔。38mの高さから流氷原を見られるほか，地下1階は海底展望室とオホーツク海の生物を展示する水槽があり，オホーツク海の魅力を鑑賞できる。水槽では生きたクリオネも見られるだろう。(10:00〜17:00，12月29日〜31日，1月2日〜3日休館，入館料：中学生以上800円，小学生以下400円)
http://www.o-tower.jp/

わっかないふくこう
稚内副港

稚内市　　　MAPCODE 353 847 053*22（副港東端駐車場）

| 1 | 2 | 3 | 4 | 5 | 6 | 7 | 8 | 9 | 10 | 11 | 12 |

コオリガモ

　日本最北の街，稚内市は道北地方最大の港町でもある。広い港の中で，気軽に水鳥を観察できる副港は，コオリガモに最も多く会えるエリアだ。12～3月ぐらいまでならほぼ間違いなく観察でき，数十羽の群れも見かけるため，雌雄差や個体差を見比べられる。副港にいないときは，北洋埠頭の北側や東側にいることがあるので確認してみよう。

　コオリガモ以外ではシノリガモ，クロガモ，スズガモ，ウミアイサ，ヒメウがいる。ヒメウは北洋埠頭の北側に延びた岸壁に，並んで止まっていることがある。カモメ類は冬季以外はウミネコ，10月や4月の渡りの時期にはミツユビカモメが現れ，11～5月ごろまではオオセグロカモメやシロカモメが多く，時折ワシカモメも姿を現す。北防波堤ドームの裏側にもシノリガモやクロガモが群れていることがあり，ここから宗谷湾沿いに野寒布岬まで続く湾岸のテトラポットにはオジロワシやオオワシが止まっていることがある。1～2月の厳寒期，港内の海面が凍結しているときは，氷がない港の外側を探してみるとよい。ウミガラス，ハシブトウミガラス，ケイマフリなどが入ることもある。

　また，6～7月の早朝と夕方，北防波堤ドームの階段の上から沖合を見ると，通過するウトウの群れを観察できるだろう。早朝か夕方に利尻島や礼文島に向かうフェリーに乗れば，その群れを野寒布岬あたりまで近距離で観察できる。
〔長谷部 真〕

探鳥環境

港の岸壁に集まるヒメウ

港の周りをほぼ岸壁に沿って歩いて行けるが，南端部には道がないため，北洋埠頭に出るには大きく迂回しなければならない。東端には駐車場と公園があり，公園の前の港にもカモ類やカモメ類が群れていることがある。

鳥情報

🕊 季節の鳥／
(春・秋) カモメ，ミツユビカモメ，ユリカモメ，ウミネコ
(冬) オジロワシ，オオワシ，コオリガモ，クロガモ，シノリガモ，スズガモ，ウミアイサ，ヒメウ，ワシカモメ，シロカモメ

🕊 撮影ガイド／
副港市場側は港が狭いうえに，大型船が停泊しているため，撮影には不向き。停泊する船が少ない北洋埠頭側のほうが広く，車の往来もあまりないので向いているだろう。鳥との距離は比較的近いので，300mm程度のレンズでも撮影可能。車の中で待っているとカモ類が近づいてくることもある。冬は好天に恵まれない日が多い。

❗ メモ・注意点／
- 北洋埠頭の東側に３つある埠頭の入口にはゲートがあり，閉鎖されていることがある。港内は港湾管理・漁業関係者も多く，観察は業務の邪魔にならないように配慮すること。

探鳥地情報

[アクセス]
- 車：JR宗谷本線「稚内駅」から稚内国道（国道40号）を南に約3kmで副港東端の駐車場に着く
- 鉄道・バス：JR宗谷本線「稚内駅」から徒歩5分ほどで副港の北側に出る。稚内副港市場へは駅前のバスターミナルから宗谷バス「港2丁目」下車

[施設・設備]
- 駐車場：あり（副港市場）
- トイレ：あり（副港市場），東側のトイレは冬季閉鎖
- 食事処：あり（副港市場）

[After Birdwatching]
- 稚内副港市場：土産物店や飲食店，日帰り入浴施設などがある複合商業施設。生乳のみを使用した稚内牛乳や，稚内牛乳を使用したソフトクリームなどの乳製品はおすすめ。お土産向けのジェラートなどもある。入館無料。駐車場・トイレあり。休日・営業時間は店舗によって異なる。
- ヒルンド・ルスティカ：カフェ併設のケーキ店。豊富牛乳を使ったケーキは絶品。10:30～19:30（月曜定休）。副港市場西側の真言寺の通りを北に50mほど進んだ右側にある。

利尻町森林公園

りしりちょうしんりんこうえん

利尻郡利尻町　MAPCODE 714 332 475*82

1	2	3	4	5	6	7	8	9	10	11	12

コマドリ　（写真：佐藤雅彦）

　利尻島は、中央にそびえる標高1,721mの利尻山（利尻富士）のすそ野が海岸まで広がる、周囲60kmほどの丸い形の島である。海岸、草原、湖沼、森林、さらには高山帯といった多様な環境を有するのが特徴だ。島を周回する道路を走るだけで十分探鳥を楽しめる自然豊かな島だが、1か所でじっくりと観察を楽しむのならこの利尻町森林公園がおすすめである。

　公園内はやや人工的に整備されたところもあるが、天然林もよく残っており、遊歩道を歩けばクマゲラ、アカゲラ、カラ類をはじめ、夏にはコマドリ、ウグイス、エゾセンニュウのさえずりが聞こえる。森林性の鳥だけでなく、ノゴマやノビタキなどの草原性の鳥もよく見られ、防火池と呼ばれる池ではゴイサギ、ササゴイ、オシドリといった水辺の鳥も観察できる。開けたポイントでは、カシラダカやミヤマホオジロも見られるだろう。これまでに利尻島で観察された鳥は320種程度だが、公園ではそのうち150種ほどが記録されている。夏鳥の割合が多いものの、春と秋の渡り時期には旅鳥も多く見られ、サンショウクイ、ヤマショウビン、カラアカハラ、シマゴマなどが記録されている。

　キャンプ場やバンガローもあるので、利尻島での探鳥のベースとして利用するのもよい。利尻山ろくから昇る朝日、礼文島の沖に沈む夕日ともに美しさは格別で、ロケーション的にもおすすめの場所だ。

〔小杉和樹〕

探鳥環境

ハシブトガラ / アカゲラ営巣

宗谷バス「利尻営業所」から南側に500mほど進むと，利尻町森林公園入口の案内板があり，上り坂を進むと管理棟や炊事場が見えてくる。いくつかの散策路があるが，やや複雑に配置されているので，管理棟や観光協会などで公園内マップを入手しておくとよい。

鳥情報

季節の鳥
(春) ミソサザイ，シロハラ，ルリビタキ，キビタキ，オオルリ，ミヤマホオジロ，マヒワ
(夏) コマドリ，ノゴマ，ウグイス，アオジ，クロジ
(秋) ツグミ，シジュウカラ，シマエナガ，カシラダカ，ウソ，ギンザンマシコ
(周年) ヒガラ，ハシブトガラ，ゴジュウカラ，キクイタダキ，カケス，アカゲラ，クマゲラ

撮影ガイド
天然林は樹高が高く，木々の密度も濃いことから，撮影に向いた場所は限られる。三脚を設置するなら，広い遊歩道や林道を選ぶとよい。一般の利用者も多いので，譲りあいを心がけよう。

問い合わせ先
利尻町森林公園(利尻町まちづくり振興課)
Tel: 0163-84-2345
(8:30～17:15 土・日・祝日は 8:30～12:30)
http://www.town.rishiri.hokkaido.jp/

メモ・注意点
● 遊歩道脇にはツタウルシが多いため，ウルシかぶれに弱い人は注意。野鳥に関する情報は，「利尻町立博物館」(利尻町仙法志字本町)の展示物や資料などが参考になるので，探鳥前に訪れるとよいだろう。

探鳥地情報

【アクセス】
■ 車：鴛泊港から約14km，利尻空港からは約11km
■ バス：鴛泊港・利尻空港から宗谷バス「利尻営業所」行きに乗り終点下車，徒歩約10分

※利尻島へは，稚内港と鴛泊港(利尻富士町鴛泊)を結ぶフェリーが1日2～4往復就航している。所要時間は1時間40分～1時間50分。航空機利用の場合，丘珠(札幌)空港～利尻空港便が1日1往復。6～9月には千歳空港からの便もある。所要時間はどちらも1時間程度

【施設・設備】
森林公園キャンプ場
■ 営業期間：5月1日～10月30日(無休) ※休業期間も探鳥はできるが，トイレなどは閉鎖される
■ 入場料：無料(バンガローなどは有料)
■ 駐車場：あり
■ トイレ：あり
■ 食事処：なし。宗谷バス「利尻営業所」付近に飲食店やコンビニがある

【After Birdwatching】
● 沓形岬：海岸性植物のフラワーウォッチングを兼ねて，シマセンニュウ，ノビタキ，ノゴマなどの観察が楽しめる。
● 利尻島の駅：土産品購入のほか，海藻押し葉の体験もできる。(利尻町沓形字本町53-1)

くっちゃろこ・べにやげんせいかえん
クッチャロ湖・ベニヤ原生花園

枝幸郡浜頓別町　MAPCODE® 644 747 631*17（クッチャロ湖）　MAPCODE® 644 839 354*18（ベニヤ原生花園）

| 1 | 2 | 3 | 4 | 5 | 6 | 7 | 8 | 9 | 10 | 11 | 12 |

オオジュリン

　浜頓別町は，稚内市から約90km南東に位置するオホーツク海沿岸の町。町の中心部から車で約5分の場所にあるクッチャロ湖は周囲30kmの汽水湖で，国内最北のラムサール条約登録湿地である。湖周辺では，約300種もの野鳥が記録されており，オジロワシやカワセミなどが繁殖しているほか，春と秋の渡りの時期，ピーク時には数千〜数万羽のコハクチョウが集まり，一部は越冬もしている。湖畔には広い湖を一望できる「浜頓別クッチャロ湖水鳥観察館」があり，クッチャロ湖の野鳥に関する展示物のほか，望遠鏡も設置されているので，冬でも屋内から，越冬中の海ガモ類やオオワシなどを快適に観察できる。

　クッチャロ湖から少し離れた海岸近くにあるベニヤ原生花園は，草原性夏鳥の宝庫だ。シマアオジはもう姿を見せなくなったが，6〜7月にはツメナガセキレイ，コヨシキリ，オオジュリン，シマセンニュウ，ノビタキなどのさえずる姿があちこちで見られる。ハマナスやエゾスカシユリの美しい花々とともに，これらの鳥たちを観察できるのは，オホーツク沿岸の夏ならではといえるだろう。

〔野村真輝〕

写真提供：浜頓別町

 探鳥環境

166｜クッチャロ湖・ベニヤ原生花園

春と秋のコハクチョウは，水鳥観察館周辺で観察できる。ベニヤ原生花園での草原性夏鳥の観察は，6～7月に限られる。

鳥情報

季節の鳥／
・クッチャロ湖
(春・秋) コハクチョウ，オオハクチョウ，オナガガモ，カワアイサ，ヒドリガモ
(冬) オオワシ，オジロワシ，コハクチョウ，カモ類
・ベニヤ原生花園
(夏) ツメナガセキレイ，シマセンニュウ，ノビタキ，オオジュリン，コヨシキリ，ベニマシコ

撮影ガイド／
推奨は400mm以上の望遠レンズで，500mm以上のズームレンズがあればベスト。距離のある被写体にはデジスコなども有効だ。コハクチョウにはむやみに近づかないこと。ベニヤ原生花園では，野鳥の子育ての妨げになるような行動は慎みたい。

問い合わせ先／
浜頓別クッチャロ湖水鳥観察館　Tel: 01634-2-2534
Email: mizudori@mail.town.hamatonbetsu.hokkaido.jp
http://www.town.hamatonbetsu.hokkaido.jp/sightSeeingEvent/index_mizudori.phtml

メモ・注意点／
● ベニヤ原生花園は夏にヒグマが出没し，立入禁止になることがある。雪に閉ざされる冬は園内に立ち入れない。また，クッチャロ湖のコハクチョウやカモ類に餌やりをしないこと。

探鳥地情報

【アクセス】
■ 車：旭川から国道40・275号を北に約190km，3時間30分ほど。稚内からは国道238号を南東に約88km，1時間30分ほど。
■ 鉄道・バス：JR宗谷本線「音威子府駅」から宗谷バス天北宗谷岬線稚内方面行きで「浜頓別ターミナル」下車。「浜頓別ターミナル」からクッチャロ湖まで徒歩約20分，ベニヤ原生花園までは徒歩約40分

【施設・設備】
浜頓別クッチャロ湖水鳥観察館
■ 開館時間：9：00～17：00
■ 休館日：月曜，祝日の翌日，年末年始
■ 入館料：無料
■ 駐車場：無料（普通車52台，大型車8台）

【After Birdwatching】
● はまとんべつ温泉ウィング：水鳥観察館から歩いてすぐの場所にある宿泊施設。日帰り入浴のほか，レストランも併設されている。館内からもクッチャロ湖を一望できる。
(Tel: 01634-2-4141　http://www.hotel-wing.jp/)

メグマ沼湿原・声問の浜

めぐまぬましつげん・こえといのはま

稚内市　MAPCODE 353 833 368*14

| 1 | 2 | 3 | 4 | 5 | 6 | 7 | 8 | 9 | 10 | 11 | 12 |

夏のメグマ沼湿原の「主役」といえるツメナガセキレイ

　稚内空港からほど近いメグマ沼の西側には、湿地林と最北の高層湿原であるメグマ沼湿原が広がっている。5月になると、木道の側にはノビタキ、ノゴマ、ホオアカ、オオジュリン、コヨシキリのほか、ここの目玉であるツメナガセキレイが現れる。上空にはオオジシギが飛び回り、オジロワシやミサゴが通過することもある。湿原にはかつてシマアオジも生息していたが、2014年ごろから見られなくなった。湿地林や斜面添いの林内ではモズ、カッコウ、アオジ、ウグイス、センダイムシクイなどの姿が見られる。

　冬の間、沼を覆っていた氷が溶ける4月中旬～5月初旬ごろまでは、数も少なく一時的な滞在とはいえ、オオハクチョウ、コハクチョウ、マガモ、コガモ、キンクロハジロ、ヒドリガモ、スズガモなどが入る。

　空港を挟んだ国道沿いには声問の浜と呼ばれる長い砂浜が広がっており、4～5月と8～9月には渡り途中のメダイチドリ、キアシシギ、トウネン、ハマシギ、ソリハシシギ、ミユビシギなどのシギ・チドリ類が立ち寄る。また、6～7月の早朝と夕方に沖合を望めば、天売島やトド島（礼文島の沖にある小島）で繁殖しているウトウの群れが通過していく姿が見られるだろう。10月になると、海を越えてきたオオヒシクイやマガン、ハクチョウたちが上空を通過し、一部のガン・カモ類は春と同様、わずかな期間だがメグマ沼で羽を休めている。10～11月の砂浜では、渡りの途中のカモメ、ユリカモメ、セグロカモメなども見られる。

〔長谷部 真〕

探鳥環境

稚内空港から西側の散策路入口まで徒歩で約10分。車は西側の入口もしくはゴルフ場の前の入口にある駐車場を利用する。飛行機の待ち時間など，時間が限られている場合は，ゴルフ場の前の駐車場から階段を下り，上図のいちばん小さな円状のルートを一周するといった，短めのコースを選ぶとよい。

鳥情報

🐦 季節の鳥／

(春・秋) マガン，オオヒシクイ，オオハクチョウ，コハクチョウ，カモメ，セグロカモメ，ユリカモメ，メダイチドリ，キアシシギ，トウネン，ハマシギ，ソリハシシギ，ミユビシギ

(夏) オジロワシ，ミサゴ，カッコウ，モズ，ヒバリ，ノゴマ，コヨシキリ，センダイムシクイ，ウグイス，アオジ，ホオアカ，オオジュリン，ホオアカ，ベニマシコ，オオジシギ

🐦 撮影ガイド／

西側の駐車場から入る場合は，逆光にならない夕方がよく，ゴルフ場側から入る場合は朝がよい。湿地林など，鳥との距離が近い場所では300mmレンズで撮影可能。開けている場所では，灌木の上や背の高い草の上に止まったときが狙い目である。

🐦 問い合わせ先／

株式会社 稚内振興社
http://w-shinko.co.jp

❗ メモ・注意点／

● ツメナガセキレイは木道から近い場所で見られることもあるが，巣が近くにあり，接近してくる人間を警戒している可能性がある。こうした場所では長時間の滞在は避けたい。また，木道で三脚を使用するときは，ほかの利用者の通行の妨げにならないよう配慮しよう。

探鳥地情報

【アクセス】

■ 車：メグマ沼は稚内空港すぐそば。稚内市内からは国道238号を東へ進み，声問緑地公園の付近から道道121号に入り，その後1059号に入ると着く。約14km

■ 鉄道・バス：声問の浜へは，「稚内駅前バスターミナル」から宗谷バスの宗谷岬方面行きバスに乗り約20分，「原生花園前」下車

【施設・設備】

メグマ沼自然公園
■ 駐車場：あり
■ トイレ：あり (稚内空港，稚内カントリークラブ)
■ 食事処：あり (稚内空港，稚内カントリークラブ)
※公園は通年利用できるが，冬季に道路の除雪はされない

ツメナガセキレイ。稚内空港に近いメグマ沼湿原は，気軽に「最北の自然」を感じることができる探鳥地だ

サロベツ湿原

さろべつしつげん

天塩郡豊富町　MAPCODE 736 699 058*32

| 1 | 2 | 3 | 4 | 5 | 6 | 7 | 8 | 9 | 10 | 11 | 12 |

シマアオジ雌

　日本最大の高層湿原が広がるサロベツ原野の北部に位置する「サロベツ湿原センター」を起点とした約1kmの木道周辺は、今やここだけでしか見られないシマアオジをはじめ、草原性から森林性の鳥、渡り途中のガンカモ類まで多種多様な野鳥が集まる道北でも有数の探鳥地である。

　4〜5月初旬まではガン・ハクチョウ類の渡りの時期にあたり、木道から上空を見上げれば、V字編隊となって通過していくマガンやオオヒシクイ、ハクチョウ類が見られることもある。南側にある泥炭採掘跡地は彼らのねぐらになっているほか、周辺の牧草地でも採食しているガン類が見られ、雪解け水で冠水している場所にはハクチョウやカモ類も混じっている。

　5月にはノゴマ、オオジュリン、コヨシキリ、ホオアカ、ビンズイといった草原性の小鳥が現れ、空にはオオジシギが飛び回っている。湿地林ではアリスイ、カラ類、アカハラ、ウグイスなどの姿が見られるほか、カッコウやツツドリの声も聞こえるだろう。6月になると、早朝・夜間の湿原や林内でエゾセンニュウやマキノセンニュウの声が響き、ヨシ原からクイナの鳴き声も聞こえることがある。シマアオジが現れるのも6月だ。エゾカンゾウの花が咲く湿原上空をオジロワシやチュウヒが通過することもあり、初夏はサロベツ原野が最も華やぐ季節でもある。

　9月になると再びガン類が現れるが、春と比べマガンよりオオヒシクイのほうが多く、10月にはハクチョウ類も姿を見せる。冬の様相となる11月に入ると多くの渡り鳥が去り、湿原内は静寂に包まれるが、冬の間も雪が十分にあれば林内に入ることができ、エナガ、ベニヒワ、キクイタダキなど観察できる。

〔長谷部 真〕

探鳥環境

シマアオジ(中央)の生息地。湿原の背の高い草やかん木の上に止まってさえずっていることが多い

サロベツ湿原センター閉館時でも木道を散策できる。内周と外周のコースがあり，外周はゆっくり一周すると40分ほど。内側との分岐点あたりから視界が開けてくる。シマアオジをよく見かけるのは，西側にある2つのデッキ付近だ。観察・撮影の際には，追い回すなどの繁殖に影響を及ぼす行為は厳に慎み，長時間場所を占拠することも控えたい。時計回りに木道を歩くと，最後に森林性の鳥がいる湿原林を通る。

鳥情報

季節の鳥
(春・秋)マガン，オオヒシクイ，オオハクチョウ，コハクチョウ
(夏)チュウヒ，クイナ，アリスイ，カッコウ，アカハラ，ノビタキ，ノゴマ，コヨシキリ，ビンズイ，ウグイス，エゾセンニュウ，マキノセンニュウ，アオジ，シマアオジ・オオジュリン，ホオアカ，ベニマシコ，オオジシギ
(冬)アカゲラ，コゲラ，ハシブトガラ，シジュウカラ，ヒガラ，エナガ，ベニヒワ，キクイタダキ

撮影ガイド
木道上での撮影は西向きになることが多いため，逆光にならない朝がよい。鳥までの距離があるので，500mm以上のレンズを推奨したい。一般の観光客も多く散策しており，木道上やデッキでの三脚の使用は控えよう。

問い合わせ先
サロベツ湿原センター　Tel：0162-82-3232
http://www.sarobetsu.or.jp/center/

メモ・注意点
● 近年急激に減少してしまったシマアオジは，国内ではもはやサロベツ原野でしか生息が確認されておらず，いつ絶滅してもおかしくない状況だ。しかも広い湿原の中でもこの木道周辺のみでしか見ることができなくなっており，日本に残された最後の貴重な繁殖地であることを肝に銘じたい。

探鳥地情報

【アクセス】
■ 車：稚内市街から国道40号・道道444号を経由して約45km
■ 鉄道・バス：JR宗谷本線「豊富駅」から「稚咲内第2」行きバスに乗車，「サロベツ湿原センター前」下車(夏3往復，冬2往復)

【施設・設備】
サロベツ湿原センター
■ 開館時間：9：00～17：00(5～10月)，10：00～16：00(11～4月)，8：30～17：30(6～7月)
■ 休館日：月曜(11～4月)　■ 入館料：無料
■ 駐車場：あり　■ トイレ：あり
■ バリアフリー設備：車椅子，オストメイト対応の多目的トイレ，おむつベッドがある
■ 食事処：5～10月はサロベツ湿原センター隣の「レストハウスサロベツ」が営業している。
営業時間：10：00～16：00(6～8月は10：00～17：00)

[After Birdwatching]
● ferme(フェルム)：国道40号沿いにあるカフェ。営業時間11：00～18：00(火曜定休)
http://toyotomi-ferme.com
● ベーカリー夢工房：国道40号沿いにある手作りパンの店。営業時間10：30～17：30(日・月曜，祝日定休)
http://saromy.com/works/yumekobo

兜沼公園
かぶとぬまこうえん

天塩郡豊富町　MAPCODE 353 159 738*53

| 1 | 2 | 3 | 4 | 5 | 6 | 7 | 8 | 9 | 10 | 11 | 12 |

マガン

　兜沼はサロベツの北部に位置し，水鳥の繁殖地であると同時にマガン，オオヒシクイ，ハクチョウやカモ類の渡りの中継地にもなっている。沼の周囲はヨシ原に覆われ，東側の巨木が残る森内にはキャンプ場が併設された兜沼公園がある。

　4月，水面を閉ざしていた氷が溶けだすころ，氷上や湖畔の木々には魚を狙うオジロワシやオオワシがよく止まっている。水面が開けると，5月上旬ぐらいまではオオヒシクイ，マガン，オオハクチョウ，コハクチョウ，ミコアイサ，ヨシガモといったガンカモ類にカイツブリ，アカエリカイツブリ，オオバンなどが加わる。特に渡りの中継地となっているマガンは数千羽いる。湖畔にはダイサギやアオサギ，時折カワセミが現れ，ミサゴ，チュウヒ，オジロワシも姿を現す。キャンプ場と周辺の巨木林は5～6月にニュウナイスズメ，コムクドリ，キビタキ，アカハラ，コルリ，コマドリなどの鳴き声でにぎやかだ。

　沼の周りを一周する周囲7kmのサイクリングロード沿いのヨシ原で，コヨシキリ，オオジュリン，ベニマシコ，オオジシギなどが姿を現し，クイナの鳴き声が聞こえることもある。途中，中沼に続く道にはロープが張ってある。秋の主な渡り時期は9月中旬～10月くらいまでであるが，兜沼の湖畔には草が生い茂るので観察ポイントが限られ，春に比べると種数や数は少ない。冬の間も駐車場は除雪されているので，スノーシューがあれば，林内でカラ類やエナガ，キレンジャク，キバシリを観察できる。

〔長谷部 真〕

探鳥環境

飛び立つマガンの群れ

観察ポイントはキャンプ場の林内，池の周り，キャンプ場の南側にあり，兜沼を眺められる駐車帯まで行き，キャンプ場を通って駐車場まで戻るのがおすすめである。時間があれば，ちょっと遠いが草原の鳥を見ながら中沼方面まで行ってみるのもよい。

鳥情報

季節の鳥

(春・秋) オオワシ，マガン，オオヒシクイ，オオハクチョウ，コハクチョウ，ミコアイサ，ヨシガモ，オオバン，カイツブリ，アカエリカイツブリ，オオワシ，ツグミ，アトリ
(夏) ミサゴ，チュウヒ，ニュウナイスズメ，コムクドリ，キビタキ，コルリ，コマドリ，アカハラ，コヨシキリ，オオジュリン，ベニマシコ，オオジシギ
(周年) オジロワシ，アカゲラ，コゲラ，ハシブトガラ

撮影ガイド

水鳥の撮影はキャンプ場がある東側からの場合，逆光にならない朝がよいだろう。水鳥たちとの距離があるので，500mm以上のレンズがあるとよい。夏から秋にかけては湖畔の草が生い茂って撮影しにくい。林内やヨシ原での撮影は300mmレンズでも可能。

問い合わせ先

兜沼公園キャンプ場
Tel: 0162-84-2600
http://www.town.toyotomi.hokkaido.jp/section/syoukoukankouka/a7cug60000001fnz.html

メモ・注意点

● キャンプ場利用者以外，車は公園駐車場を利用すること。早朝に公園内に入るときは，宿泊者に迷惑がかからないよう大声や物音を立てないように注意したい。4月は雪が残っていることがあるので，長靴があったほうがよい。

探鳥地情報

【アクセス】

■ 車：稚内市から国道40号・道道1118号を経由して約30km
■ 鉄道・バス：JR宗谷本線「兜沼駅」下車。駅構内（南のホーム側）から兜沼公園まで抜けられる小径があり，キャンプ場まで徒歩10分

【施設・設備】兜沼公園キャンプ場

■ 営業期間：5月1日～9月30日
■ 入場料：無料　■ 駐車場：あり
■ トイレ：あり（営業期間中のみ）
※キャンプ場内のインフォメーションセンターには売店もある

【After Birdwatching】

● サロベツファーム：手作りソーセージ（持ち帰りのみ）。国道40号沿い。道道1118号の分岐点から南に向かうとすぐ右側にある（営業時間：8:00～17:00，火曜休）。
● 工房レティエ：ジェラートとチーズを使った食事。豊富バイパス「幌加IC」出口を東に曲がった十字路に看板あり（10:00～17:00，6～9月は無休で10～5月は火曜休）
● ファームレストランゆうゆう：トッピングピザとサラダ，スープ，飲み物バー。豊富牛乳を使用したソフトクリームやジェラートもあり。10:00～15:00（土日祝営業）勇知駅近くに看板あり
● あとりえ華：手作りケーキと軽食，飲み物（4～10月営業，木曜休，国道40号から道道616号に入り3km）

ほろのべびじたーせんたーもくどう
幌延ビジターセンター木道

天塩郡幌延町　MAPCODE 736 313 844*12

ツメナガセキレイ

　サロベツ湿原の南部に位置する、幌延ビジターセンターからパンケ沼まで伸びる3kmの木道周辺には3つの湖沼があり、高層湿原、ヨシ原、湿地林、ササ原とさまざまな環境がある。4～5月初めや、9～10月はガン・ハクチョウ類の渡りの時期にあたるため、主要な中継地であるペンケ沼と、天塩川沿いのフラオイ沼の間に位置する木道の上空をマガン、オオヒシクイ、ハクチョウ類がV字編隊となって時折通過する。幌延ビジターセンターの南側にある展望台からなら、渡っていく様子が間近に見えるだろう。

　長沼・小沼・パンケ沼には水鳥類はほとんど入らない。パンケ沼周辺ではオジロワシやチュウヒを見かけることがある。長沼の東側の道路沿いにある三日月湖にはミコアイサやキンクロハジロ、オシドリなどが4～5月、9～10月の間現れ、パンケ沼よりさらに北側のペンケ沼に近い牧草地には、マガンやオオヒシクイがたくさん集まる。5月になると、幌延ビジターセンター近くの高層湿原にはツメナガセキレイ、ノゴマ、ノビタキなどが現れ、周辺の林にはカッコウ、カワラヒワ、アオジが姿を見せる。運が良ければアリスイの声が聞こえることもある。6月の早朝にはマキノセンニュウやシマセンニュウの鳴き声が聞こえるだろう。長沼の脇から木道が細くなると、ササ原やヨシ原が広がっておりコヨシキリ、ウグイス、オオジュリンが主体となる。周辺ではチュウヒが獲物を探していることもあるので、木道だけでなくヨシ原にも足を向けてみよう。　　　　　　　〔長谷部 真〕

探鳥環境

幌延ビジターセンターが閉館していても，木道へはいつでも入れる。長沼まで周回する木道は10分くらいで回ることができ，長沼沿いに進むと途中から木道が狭くなる。時間が限られているならここまでで十分。ここからパンケ沼までは歩いて1時間くらいかかる。公共交通機関はないので，車がなければ往復するか，遠回りではあるが，牧草地沿いの道路を歩くしかない。パンケ沼園地には2つの周回木道があるが，両方とも10分くらいで回れる。

鳥情報

🐦 季節の鳥／
（春・秋）オジロワシ，マガン，オオヒシクイ，オオハクチョウ，コハクチョウ，マガモ
（夏）オジロワシ，チュウヒ，アリスイ，カッコウ，ツメナガセキレイ，ノビタキ，ノゴマ，コヨシキリ，ウグイス，エゾセンニュウ，アオジ，オオジュリン，カワラヒワ

🐦 撮影ガイド／
　光の関係で，木道で撮影する場合は，パンケ沼方向を撮るなら朝，長沼方向なら夕方がよい。鳥までの距離は近いので300mmから撮影可能。開けている場所ではかん木の上や背の高い草の上にとまったときが狙い目だ。

🐦 問い合わせ先／
幌延ビジターセンター
Tel：01632-5-2077
http://www.sarobetsu.or.jp/center/horonobe/

❗ メモ・注意点／
● サロベツ湿原センターの木道と比べて一般利用者は少ないが，三脚の利用を控えるか，利用する場合はほかの利用者に迷惑がかからないよう配慮が必要。

探鳥地情報

【アクセス】
■ 車：稚内から国道40号，または道道106号を南下，道道972号で約60km

【施設・設備】
幌延ビジターセンター
■ 開館時間：9：00～17：00
　（5～10月　※11月1日～4月30日まで休業）
■ 入場料：無料
■ 駐車場：あり
■ トイレ：あり（営業期間中のみ）
■ バリアフリー設備：多目的トイレあり

【After Birdwatching】
● レイボモ・トントゥ：幌延町のベーカリー。幌別駅から100mほどのところの大森商店内にあり，北海道産小麦を使用したパンは種類も豊富でとてもおいしい（10：00～15：00，月曜・火曜定休，Tel: 01632-5-1121）。

長沼のほとりの木に止まるツメナガセキレイ

ウソタンナイ川

枝幸郡浜頓別町　MAPCODE 644 508 865*53 (宇曽丹浄水場付近)

| 1 | 2 | 3 | 4 | 5 | 6 | 7 | 8 | 9 | 10 | 11 | 12 |

オオワシ

　浜頓別の中心部より，車で約15分のところにある川。ここには，サケマスの孵化場があり，秋には生まれ故郷であるこの川にシロザケなどが帰ってくる。秋に産卵を終えたサケの死骸を求め，オオワシやオジロワシがロシア・サハリン方面からここに渡ってくる。キツネなど多くの野生動物も，この食物資源を求めてこの川を訪れる。

　ウソタンナイ川は真冬の2月でも，豊富な湧水があるため凍結しない。野山が雪に覆われる12月には，ほかの川で獲物が見つけにくくなるためか，ピーク時には400羽以上もの海ワシであふれる。数か所の見晴らしのよい大木に，それぞれ30～50羽ものワシたちがとまり，通称「ワシのなる木」を見ることも可能だ。その眺めは壮麗というほかない。ただし，ワシたちは人間の気配に非常に敏感で，50m以上離れた対岸にいても，むやみに近付くと一斉に飛び去ってしまう。元の木に戻るのには30分以上かかるので，「ワシのなる木」を見るときは細心の注意が必要だ。1月下旬には，多くのワシたちが道東の根室や羅臼方面へと飛去する。

　これほどのワシが一度に観察できる場所は，道北ではほかにあまりない。同時期に浜頓別町中心部にほど近いクッチャロ湖（ラムサール条約登録湿地）では，越冬する多くのコハクチョウの群れを観察することができる。

〔野村真輝〕

探鳥環境

地図上の川から少し離れた北側の道路からだと、「ワシのなる木」をじっくり観察できる。氷点下の気温の中、寒さに耐えるのはたいへんだが、じっくり待っているとワシたちが集まってくることが多い。

鳥情報

季節の鳥／
（冬）オオワシ，オジロワシ，マガモ，カワアイサ

撮影ガイド／
　撮影には400mm以上の望遠レンズが必要で，500mm程度のズームレンズがあれば便利。長時間道路に三脚を立てての撮影は，近隣の農家の作業に迷惑がかかるので配慮すること。また，車窓からレンズを出しての撮影は，短時間であっても車内からの暖気によって写りがぼやけてしまう。景観写真の川の左岸側の道路からであれば，比較的ワシたちを刺激せず撮影できる。

問い合わせ先／
浜頓別クッチャロ湖水鳥観察館
Tel: 01634-2-2534
http://www.town.hamatonbetsu.hokkaido.jp/sightSeeingEvent/index_mizudori.phtml

❗メモ・注意点／
- 観察ポイントは，オオワシの森と表記された看板の周辺。
- 観察の際は牛舎周辺や牧草地・農地への立ち入り，路上駐車などをしないこと。また地元酪農家の迷惑になるような観察・行為は慎むこと。車は指定された駐車場に停める。

探鳥地情報

【アクセス】
- 車：稚内から浜頓別へは国道238号・237号線を経由して約88km
- 鉄道・バス：JR「旭川駅」から宗谷本線で約2時間。「音威子府駅」で下車し，宗谷バスに乗り換え。「浜頓別」バス停より徒歩45分

【施設・設備】

【After Birdwatching】
- ウソタンナイ砂金採掘公園：残念ながらオオワシが飛来する時期にはオープンしていない。ウソタンナイ砂金採掘公園では実際に砂金掘り体験が可能だが，川が増水した際や悪天候の際は中止になる場合があるので注意（営業：6月1日～9月30日，9:00～16:30，月曜休館，入館料：500円，※7・8月は無休）。
http://www.town.hamatonbetsu.hokkaido.jp/sightSeeingEvent/index_usotan.phtml

てうりとう
天売島

苫前郡羽幌町　MAPCODE® 929 369 291*22

ヤツガシラ

　天売島は羽幌港からフェリーで1時間半，周囲12kmほどの島だが，80万羽にもおよぶ世界最大のウトウの繁殖地である。ほかにも「オロロン鳥」の別名で有名なウミガラス，ケイマフリ，ウミネコなどたくさんの海鳥が，この島の断崖絶壁で繁殖する。島に上陸したら，まずフェリーターミナルからほど近い「海の宇宙館」に立ち寄ることをおすすめする。ここは自然写真家の寺沢孝毅氏が運営する島の野鳥観察の情報拠点だ。春と秋の渡りの時期ともなれば，ヤツガシラ，コウライウグイス，マミジロキビタキ，ヒメイソヒヨなど，珍鳥の情報もここで得られる。

　島では北海道の他地域ではなかなかお目にかかれない鳥たちがその辺の道端にいることも多いので，宿とポイントの往復の間も油断できない。海の宇宙館では，陸鳥や海鳥観察，また夜間のウトウ帰巣観察ツアーガイドを実施している。4月末から7月ごろまでは，毎日のようにその日に見られた野鳥情報が海の宇宙館に集まる。また，ここで運航しているケイマフリ号に事前予約をしておけば，ケイマフリやウミガラス，ウトウなどの海鳥を船上から観察・撮影することも可能だ。

　さらに，夕暮れ時に赤岩のコロニーに帰ってくるウトウの観察ツアーもある。海の宇宙館や旅館でウトウ観察バスツアーの受付をしているので，ぜひチェックしよう。このツアーは夕食後に行われるので，時間の確認を忘れずに。

　行き帰りのフェリー航路も，海鳥観察には絶好だ。オオハム，アカエリヒレアシシギ，ハシボソミズナギドリ，トウゾクカモメ，ウミスズメなどが見られることも少なくない。北海道内でこれだけの種類の野鳥を一度に観察できる島はほかに例がない。天売島はまさにバードウォッチャーのパラダイスである。

〔野村真輝〕

探鳥環境

ウミネコ

フェリーで車を運ぶことも可能だが、天売港にある「おろろんレンタル自転車」(Tel:01648-3-5125)で軽自動車や自転車、バイクなどのレンタルもできる。島は坂が多いので、バイクや車で探鳥するのもよいだろう。「海の宇宙館」のツアーは、港からワゴン車に乗ってそれぞれの観察地へ向かい、ツアー終了後に海の宇宙館へ立ち寄る。

鳥情報

季節の鳥/
(春) キビタキ、マミジロキビタキ、オジロビタキ、ムギマキ、ノゴマ、アリスイ、メジロ、カラフトムシクイ、カシラダカ、ウソ、マヒワ、シベリアアオジ、アトリ、クロツグミ、マミジロタヒバリ、ケアシノスリ、シマアカモズ、ヤツガシラ、コウライウグイス、オジロワシ、ハヤブサ
(夏) ウトウ、ケイマフリ、ウミガラス、ウミネコ、アビ類、ウミスズメ、ヒメウ、ウミウ

撮影ガイド/
400mm以上の望遠レンズが必要。500mm程度のズームレンズがあれば便利。

問い合わせ先/
天売島ビジターセンター・海の宇宙館
Tel：090-4876-9001(開館時期のみ対応)
各種ツアー予約専用電話
Tel：090-1520-1489((有)ネイチャーライブ)
http://www.teuri.jp/stay/utyukan.html

❗メモ・注意点/
● 島を一周する道路の歩道上からの探鳥が多いため、道路の横断をする際は車の往来に注意。

ケイマフリ

探鳥地情報

【アクセス】
■ 車：旭川から羽幌フェリーターミナルまでは、国道12号・道央道・深川留萌道で留萌市に入り、そこから国道233号・232号を経由して約141km
■ バス：札幌バスターミナルから特急はぼろ号乗車、「沿岸バス本社ターミナル(羽幌)」を経由し、札幌港連絡バス「羽幌フェリーターミナル」下車
■ フェリー：羽幌港と天売港を結ぶフェリーのダイヤは時期によって異なるので要確認
羽幌沿海フェリー株式会社　Tel: 0164-62-1774
http://www.haboro-enkai.com/timetable.html

【施設・設備】
天売島ビジターセンター・海の宇宙館
■ 開館：4月末(ゴールデンウィーク)〜9月末日
■ 営業時間：9:00〜17:00
■ 入館料：無料　■ 駐車場：あり
■ トイレ：あり
■ 食事処：海の宇宙館の一角にカフェスペースあり。天売島唯一のカフェで、軽食とコーヒーを楽しめる

【After Birdwatching】
● 炭火海鮮　番屋：北海道の離島ならではの海の幸が、各旅館や民宿でお腹いっぱい味わえるのも天売島の魅力の1つ。各種海鮮丼のほか、ウニの漁期には生ウニも食べられる。(Tel:01648-3-5714)

朱鞠内湖
しゅまりないこ

雨竜郡幌加内町　MAPCODE 740 502 489*37

| 1 | 2 | 3 | 4 | 5 | 6 | 7 | 8 | 9 | 10 | 11 | 12 |

ベニマシコ

　幌加内町朱鞠内地区は，最低気温−41℃，年間最大降雪量25mの記録をもつ，国内有数の寒冷豪雪エリアである。その地にある朱鞠内湖は雨竜川上流の人造湖で，幻の魚イトウが釣れることで釣り人には有名な湖である。加えて，湖畔にはキャンプ場が整備されていて環境がよい。バードウォッチングだけでなく，フィッシング，カヌー，そしてキャンピングと，さまざまなアウトドアを満喫できる人気のスポットだ。ちなみに，シュマリナイとは，アイヌ語で「キツネの沢」を意味する。

　かつては，キャンプ場周辺でクマゲラが営巣し，多くのバーダーが押し寄せたが，環境の変化からか，4〜5年ほど前からキャンプ場周辺での営巣はなくなった。しかし，湖の中にある大小の島や周辺の森からは，クマゲラの甲高い声がしているので，運がよければ出会えるだろう。ヤマゲラやアカゲラは，湖畔のあちこちで見ることができる。また，キャンプ場周辺を歩けば，キビタキやオオルリなどのヒタキ類があちこちでさえずっている。ツツドリやオオジシギが目の前の木や電柱に現れることもあるので，目だけでなく耳からの情報に注意して歩くことも大事だ。

〔野村真輝〕

写真提供：小野田倫久

キャンプ場内の遊歩道をくまなく歩くと、ひと通りの夏鳥が観察できるだろう。必死に歩き回るより、のんびりキャンプチェアにでも座っていると、珍鳥が向こうから飛んでくることも。湖畔に響きわたるクマゲラの声が聞こえてきたら、声のするほうに行ってみるとよい。

鳥情報

季節の鳥／
(春・夏)アオジ、ニュウナイスズメ、センダイムシクイ、キビタキ、コルリ、ベニマシコ、コサメビタキ、ウグイス、オオルリ、ハリオアマツバメ、アカハラ、ウグイス、ツツドリ、カッコウ、アカゲラ、ヤマゲラ、クマゲラ、オオジシギ、イソシギ

撮影ガイド／
300mm以上の望遠レンズが必要。500mm程度のズームレンズがあれば便利。

問い合わせ先／
幌加内町観光協会
Tel: 0165-35-2380
http://www.horokanai-kankou.com/

メモ・注意点／
● 早朝のキャンプサイトは、テント内で休んでいる人たちも多いので、大きな声を出したり、大勢で歩いたりしないで、マナーを守った探鳥を心がけてほしい。

ホオジロ

探鳥地情報

【アクセス】
■ 車:旭川から道央自動車道、国道239号を経由して約90km、札幌からは道央自動車道、国道275号を経由して約200km
■ 鉄道・バス:JR「深川駅」からジェイ・アール北海道バス深名線「湖畔」経由「名寄」行きに乗車。朱鞠内湖「湖畔」にて下車(運行は1日2本)

【施設・設備】
NPO法人 シュマリナイ湖ワールドセンター
http://syumari.com/ Tel: 0165-38-2029
■ 入場:無料
■ 駐車場:あり
■ トイレ:あり
■ 食事処:レークハウスしゅまりない
朱鞠内湖畔にあるゲストハウス&レストラン。土日祝のみの営業だが、予約をすれば平日もレストランを利用できる。宿泊する場合はダッチオーブン料理やジンギスカン料理などを味わうことも

【After Birdwatching】
幌加内町は、日本でも有数のそばの産地としても有名で、町内にたくさんのそば屋がある。
● 八右ヱ門:地元産の選りすぐりのそばを石臼引き手打ちで食べられる
(Tel: 0165-35-3521
http://hachiemon.web.fc2.com)

かぐらおかこうえん
神楽岡公園

旭川市　MAPCODE 79 284 884*82

ヤマゲラ

　JR旭川駅より約2kmと市の中心部にありながら、胴回りが3mを超える巨木が多数残る都市公園。上川神社が隣接しており、大正時代に公園として整備され、明治時代には天皇が住む離宮の建設計画もあった（上川離宮）。現在では市民と野鳥両方の憩いの森となっている。園内には天然のニレやナラなどをはじめ、約500本ものエゾヤマザクラが植えられており、北側には清流忠別川が流れ、美しい景観を成している。

　1年を通して、ハシブトガラなどのカラ類やアカゲラ、オオアカゲラ、ヤマゲラなどのキツツキ類が生息し、エゾリスやキタキツネなども園内で多数見られる。春〜夏にはキビタキ、オオルリ、ムシクイ類などの夏鳥が繁殖し、ムクドリやコムクドリなども営巣する。過去にはトラフズクやアオバズクの記録もある。秋〜冬はルリビタキ、ジュウイチ、マミチャジナイ、アカハラやトラツグミ、クマゲラの姿があり、稀にフクロウやクマタカなどが出現した年もある。忠別川の河川敷には、マガモやハクセキレイ、イソシギなどが見られる。

〔野村真輝〕

探鳥環境

クマゲラ

冬には園内を一周する「歩くスキーコース」が整備されるため，雪深い時期でも長靴で歩いての探鳥が可能だ。園内の緑のセンターではクロスカントリースキーの無料貸し出しもある。

鳥情報

🌱 季節の鳥／
(春) ルリビタキ，シロハラ，アオジ，キビタキ，オオルリ，センダイムシクイ
(夏) ムクドリ，コムクドリ，アオバト，チゴハヤブサ，アオサギ
(秋) ルリビタキ，マミチャジナイ，アカハラ，マガモ
(冬) キクイタダキ，シマエナガ，コゲラ，クマゲラ，トラツグミ，キレンジャク
(通年) カラ類，キツツキ類，セキレイ類，ヒヨドリ

📷 撮影ガイド／
園内を散策しながらの撮影になるので，手持ちが可能な 300～500mm 程度のズームレンズがおすすめ。夏場はうっそうとした樹林内での撮影になるので，なるべく f 値の小さい，明るいレンズがよいだろう。

☎ 問い合わせ先／
(公財) 旭川市公園緑地協会
Tel: 0166-52-1934
http://www.asahikawa-park.or.jp/

❗ メモ・注意点／
● 公園なので，ジョギングや犬の散歩など，一般市民も多く利用する。遊歩道を三脚でふさいだりしないように配慮しよう。また，5 月の桜の花見時期には，園内でのバーベキューなどが許可され，駐車場が非常に混雑する。

探鳥地情報

【アクセス】
■ 車：JR「旭川駅」(市中心部) より約 2.5km
■ 鉄道・バス：JR「旭川駅」より，旭川電気軌道バスの南高方面行きかひじり野方面行きに乗車，「上川神社前」下車徒歩 5 分

【施設・設備】
神楽岡公園緑のセンター
Tel: 0166-65-5553
http://www.asahikawa-park.or.jp/facilities/park/soudan.html
■ 開園時間：9:00～17:00
■ 休館日：年末年始 (12月30日～1月4日)，第 2・4 日曜 (祝日の場合は翌日)，11 月 1 日～3 月 31 日は月曜休館
■ 駐車場：あり
■ トイレ：あり

【After Birdwatching】
● 杜のスパ神楽：公園から徒歩 5 分ほどのところに入浴施設。レストランも併設している
(入浴料：大人 600 円，小学生以下 300 円，3 歳以下無料。Tel: 0166-60-2611 http://www.morinospa-kagura.com/)。

神楽岡公園景観

神楽岡公園 | 183

永山新川
ながやましんかわ

旭川市　MAPCODE 79 565 062*26

1	2	3	4	5	6	7	8	9	10	11	12

オナガガモ

　永山新川は，正式には牛朱別川分水路といい，石狩川水系牛朱別川の水害対策として2002年に供用を開始した全長6kmの人工河川である。旭川市北東部の桜岡付近の牛朱別川から分流し，東鷹栖の永山橋付近の石狩川に合流する川で，永山地区の市街地の北側に沿って流れている。

　掘削工事中からハクチョウ，カモ類が渡りの時期に多数飛来するようになり，近年ではオナガガモやオオハクチョウを中心に，4月上旬には5万羽がここを訪れ，渡り鳥の一大中継地となっている。比較的流れが緩やかなため，旭川市内では記録の少ない野鳥も時折飛来して休息する。オナガガモに混じってヒドリガモ，トモエガモが泳ぎ，コハクチョウとともにシジュウカラガンやヒシクイ，マガンがいることも。また過去にはホシムクドリ，タンチョウ，セイタカシギ，ユリカモメ，カモメ，ミサゴ，マミジロキビタキ，アカエリカイツブリ，オオモズなども飛来している。カモが多い時期にはそれを狙って，オジロワシやオオタカ，ハヤブサなどの猛禽がよく現れる。河川敷沿いの両岸には，舗装された遊歩道が整備され，夏鳥の時期には格好の探鳥スポットとなる。5月下旬にはアオジ，カッコウ，オオヨシキリがさえずり，河畔林はにぎやかだ。

〔野村真輝〕

 探鳥環境

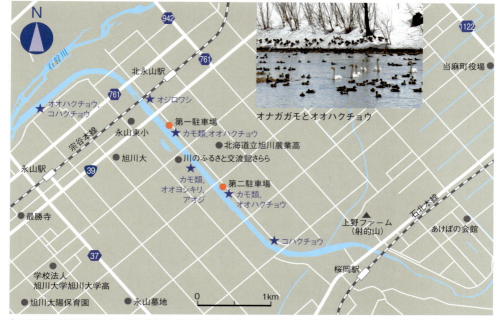

オナガガモとオオハクチョウ

冬から雪解け時期の観察には、長靴が必須。駐車場周辺から歩いて上流や下流へ行く場合は、スノーシューが必要になる。5万羽以上のオナガガモが休んでいるところへオジロワシやオオタカが飛来し、一斉にカモたち飛び上がる様子は壮観。

鳥情報

季節の鳥

(春)オナガガモ，カルガモ，マガモ，ヒドリガモ，コガモ，オオハクチョウ，コハクチョウ，アメリカコハクチョウ，シジュウカラガン，マガン，オオヒシクイ，キンクロハジロ，カワアイサ，ハシビロガモ，トモエガモ，ヨシガモ

(夏)アオジ，オオヨシキリ，カッコウ，ノビタキ，カワセミ，アオサギ，ダイサギ

(秋・冬)オナガガモ，マガモ，ヒドリガモ，コガモ，オオハクチョウ，シマアジ，ミコアイサ，ホオジロガモ，トモエガモ

撮影ガイド

春と秋の渡りシーズンと夏は、遊歩道を散策しながらの撮影になるので、手持ちが可能な300〜500mm程度のズームレンズがおすすめ。冬は遊歩道が除雪されないので、駐車場周辺からの観察になる。500mm以上の望遠レンズやデジスコがあるとよい。

問い合わせ先

旭川河川事務所　Tel: 0166-48-2131

メモ・注意点

● ジョギングやサイクリング、犬の散歩など、一般市民も多く利用する。遊歩道を三脚でふさいだりしないように配慮したい。また、カモやハクチョウへの餌やりが問題になっているので、野鳥が近くに寄ってきても、くれぐれも餌やりはしないように。

探鳥地情報

[アクセス]

■ 車：旭川市街地(旭川駅)から中央橋通りを経由して約9km

■ 鉄道・バス：JR宗谷本線「北永山駅」から徒歩約10分。もしくは道北バス「旭川駅前」から「永山13丁目」下車徒歩3分。「旭川農業高校前」バス停も利用可能

[施設・設備]

■ 駐車場：あり

[After Birdwatching]

● 旭川市旭山動物園：永山新川から車で15分ほど。シマフクロウやオオワシなど北海道の絶滅危惧種を、大きなフライングケージで展示しているので、生き生きとした猛禽類の生態が観察できる。夏季と冬季で開園時間が異なり、時期により閉園中の場合もあるので、事前に確認を。(入園料：大人820円，中学生以下無料)　Tel: 0166-36-1104　http://www.city.asahikawa.hokkaido.jp/asahiyamazoo/

コハクチョウ

キトウシ森林公園

きとうししんりんこうえん

上川郡東川町　MAPCODE® 389 529 081*55

ウソ

　ここでは1年を通して探鳥が可能だが、主役はやはり冬鳥だ。公園入口周辺の歩道沿いに、赤い実のなるズミの並木がある。キレンジャクやツグミなどの鳥たちが、この実を糧に真冬のひと時を過ごす。ハチジョウツグミは毎年のように現れ、過去にはノハラツグミがツグミの群れに混じることもあった。ギンザンマシコが10羽以上の群れで入ったこともあり、年によってはベニヒワが100羽単位で入り、カラマツやシラカバの種子をついばむこともあった。小鳥たちを狙って、ハイタカがハンティングに来たらラッキーだ。ハシブトガラ、シマエナガ、キクイタダキなどの混群が、林縁を飛び回る姿を見るのも楽しい。ヤマゲラ、オオアカゲラ、アカゲラは1年中見られるが、クマゲラは声が林間に時折こだまするだけで、会えるのはごく稀だ。春の雪解け時期には、山頂に向かう道路脇でエゾライチョウとの出会いがあるかもしれない。

　園内のマツボックリ目当てに、イスカやマヒワの群れが入るころには春がすぐそこだ。5月上旬、山肌にカタクリやエゾエンゴサクが咲き乱れ、数百本あるエゾヤマザクラが満開になると、春の渡りから繁殖期を迎えるキビタキ、オオルリ、ウグイスなどのさえずりが針葉樹林に響きわたる。

　さらに周辺の神社や、農家の針葉樹では、カラスの古巣にチゴハヤブサが営巣する。8月の旧盆のころには、田んぼでトンボを捕まえては、くり返し雛へ運ぶ親鳥の姿を見ることができるだろう。

〔野村真輝〕

探鳥環境

冬場はズミやナナカマド，針葉樹などの実を目当てに鳥たちがやってくる。防寒着をしっかり着て待とう。

鳥情報

季節の鳥／
(春) イスカ，エゾライチョウ，マヒワ
(夏) キビタキ，オオルリ，ウグイス，ムシクイ類，チゴハヤブサ
(冬) ツグミ，ノハラツグミ，ハチジョウツグミ，シメ，ウソ，キレンジャク，ベニヒワ，シマエナガ，キクイタダキ，クマゲラ，ハイタカ，オジロワシ
(通年) シジュウカラ，ハシブトガラ，シロハラゴジュウカラ，キバシリ，ヤマゲラ，オオアカゲラ，アカゲラ，ヒヨドリ

撮影ガイド／
400mm以上の望遠レンズが必要で，500mm程度のズームレンズがあれば便利。公園の入口付近のズミ並木に飛来するキレンジャクやツグミなどは，姿が見えなくても，しばらくするとやってくることが多い。

問い合わせ先／
キトウシ森林公園家族旅行村
Tel: 0166-82-2632
http://www.kazokuryokoumura.jp/shizen/

メモ・注意点／
● 歩道上に長時間三脚を立てての撮影はしない。
● 公園内には，キャンプ場や貸しケビンが設置されている。

探鳥地情報

【アクセス】
■ 車：旭川市街地(旭川駅)から道道1160・940号を東に約20km。札幌から国道12号または高速経由で東川まで約150km
■ 鉄道・バス：JR「旭川駅」より旭川電気軌道バス(東川60番)に乗車し，「東川道草館前」下車。約40分

【施設・設備】
キトウシ森林公園事務所
■ 営業時間：9：00～17：30(4月1日～9月30日)，9：30～16：30(10月1日～3月31日)
■ 休館日 12月31日～1月5日
■ トイレ：あり
■ 駐車場：あり
■ 食事処：キトウシ高原ホテルのお食事処「きらら」では，ラーメンや天丼などの軽食がある

【After Birdwatching】
● キトウシ高原ホテル：真冬の探鳥で冷え切った体を，トロン温泉で暖めるのもまたよし。もちろん宿泊も可能(日帰り入浴料：大人600円，小学生300円，小学生以下無料。Tel: 0166-82-4646)
http://www.kitoushikougenhotel.jp/

大雪旭岳源水・旭岳展望台

たいせつあさひだけげんすい・あさひだけてんぼうだい

上川郡東川町　MAPCODE 796 758 429*50（大雪旭岳源水）　MAPCODE 796 861 037*41（旭岳ロープウェイ山ろく駅）

| 1 | 2 | 3 | 4 | 5 | 6 | 7 | 8 | 9 | 10 | 11 | 12 |

ギンザンマシコ（写真：大阪徳美）

　北海道の屋根と言われる大雪山連峰。その最高峰旭岳は標高2,291 mで，アイヌの人々はこの一帯をカムイミンタラ「神々の遊ぶ庭」と呼んだ。本州では3,000m級の山岳でなければ見られない高山植物が花畑を形成し，登山者の目を楽しませている。同時に，ギンザンマシコやノゴマを目当てにバーダーもたくさん訪れる。

　旭岳ロープウェイ「姿見駅」で降りると，一面のハイマツ帯である。30分ほど登った第三展望台周辺がギンザンマシコ観察の定番ポイントで，この付近のハイマツ帯で繁殖している。常時姿を現すわけではないので辛抱が大切だが，待っている間にもノゴマ，カヤクグリ，ルリビタキなどが美しいコーラスを聞かせてくれるので退屈しない。また，シマリスも遊歩道のあちこちから愛嬌のある顔を出す。

　6～7月にはキバナシャクナゲやチングルマ，エゾノツガザクラ，ミヤマリンドウなどの高山植物が一斉に咲き，鳥たちとの共演も見られる時期だ。

　旭岳の山ろくにある大雪旭岳源水は，良質な湧水が汲める取水場が開放され，各地から人々が訪れる。一歩，沢沿いの遊歩道に足を踏み入れると，いろいろな森林性の夏鳥の声を耳にするだろう。特にゴールデンウィーク前後には，大雪山系を目指すルリビタキ，コルリ，クロツグミなどがこの沢で小休止することが多い。また，コサメビタキやコマドリ，ムシクイ類なども，このあたりで繁殖しており，姿をよく見ることができる。カワガラスは通年見られる。以前はクマゲラの姿もよく見かけたが，最近はもう少し旭岳温泉に近い林内で営巣しているようだ。　　〔野村真輝〕

探鳥環境

鳥情報

季節の鳥
大雪旭岳源水
(春) ルリビタキ, ミソサザイ, キセキレイ, カヤクグリ, クロツグミ, アカハラ, クマゲラ, オオアカゲラ, クマタカ, オジロワシ
(夏) センダイムシクイ, コサメビタキ, キビタキ, コマドリ
(通年) カワガラス, カラ類

旭岳展望台
(夏) ギンザンマシコ, ノゴマ, ルリビタキ, カヤクグリ

撮影ガイド
　春の渡りシーズンの大雪旭岳源水では，遊歩道を散策しながらの撮影になるので，手持ちが可能な300～500mm程度のズームレンズがおすすめ．旭岳展望台は，500mm以上の望遠レンズが必要．フィールドスコープがあるとよい．待ちの観察・撮影になるので，キャンプ用の折りたたみの椅子は必携だ．

問い合わせ先
旭岳ビジターセンター
Tel: 0166-97-2153
http://www.welcome-higashikawa.jp

メモ・注意点
● 旭岳ロープウェイを降りてから，展望台まではスニーカーで登れないことはないが，段差が多く，岩場もあるのでトレッキングシューズが望ましい．雪解け時期は駅で長靴の貸し出しもある．

探鳥地情報

【アクセス】
■ 車：ロープウェイの山ろく駅までは，旭川市街地から道道1160号で約45km．大雪旭岳源水公園へは旭川から道道1160号・213号経由で約35km
■ 鉄道・バス：JR「旭川駅」から旭川電気軌道バス・いで湯号「旭岳」行き約1時間半，終点下車．旭岳ロープウェイに乗り換え，約10分で山頂の「姿見駅」(Tel: 0166-68-9111　http://wakasaresort.com/asahidakeropeway/)

【施設・設備】
旭岳ビジターセンター
■ 開館時間：9：00 ～ 17：00
■ 休館日：年末年始(12/31 ～ 1/5)
■ 駐車場：あり(冬季閉鎖)
■ トイレ：あり

【After Birdwatching】
● 旭岳温泉：大小9か所の温泉ホテルがあり，スキーシーズンや夏山シーズンには国内だけでなく，多くの外国人観光客も訪れる人気スポットになっている．
http://www.welcome-higashikawa.jp/

みなみおかしんりんこうえん
南丘森林公園

上川郡和寒町　MAPCODE® 470 197 276*22

1 2 3 **4** 5 6 7 8 9 10 11 12

クロツグミ

　四方を山々に囲まれた，幻想的な湖の湖畔にある南丘森林公園。一周約4kmの遊歩道で森林浴をしながら探鳥できる。環境省が選定するモニタリングサイト1000の鳥類調査地になるほど鳥影が濃いうえに，アウトドアスポーツの拠点として，カヌー，オートキャンプ，釣りも楽しめる。

　春にはまず，アカハラやマミチャジナイなどのツグミ類が入る。エゾライチョウが親子で歩く姿のほか，カモ類やハクチョウが湖面で羽を休める姿を観察することも可能だ。時期によってオシドリが10羽以上も湖面で見られる場合もあるので，近くの山中で繁殖している可能性がある。森林性の夏鳥のシーズンに入るとクロツグミ，ウグイスなどの美しい歌声が湖面に響きわたり，それに負けじとヤマゲラやクマゲラの声も聞こえてくる。キャンプサイトの端から探鳥をする際は，湖岸を一周する遊歩道をゆっくり歩いてみるのがよいだろう。運がよければクマゲラに遭遇できるかもしれない。ヤマゲラ，アカゲラは比較的出やすく，キャンプを楽しみながらカヌーを出し，水上からバードウォッチングができるのもこの公園の魅力だ。〔野村真輝〕

ヤマゲラ

キャンプサイトを通り過ぎた先にある，湖畔を一周する遊歩道がおすすめの探鳥スポットだ。遊歩道をくまなく歩くと，ひと通りの夏鳥が観察できる。湖畔に響きわたるヤマゲラの声が聞こえたら，声のするほうに行くと高確率で会えるだろう。

鳥情報

🔶 季節の鳥

(春・夏) エゾライチョウ，コガモ，ヒドリガモ，オシドリ，オオタカ，シジュウカラ，ハシブトガラ，ゴジュウカラ，アカゲラ，ヤマゲラ，クマゲラ，アオジ，ウグイス，センダイムシクイ，ヤブサメ，アカハラ，クロツグミ，マミチャジナイ，キビタキ，オオルリ，コサメビタキ

🔶 撮影ガイド

300mm 以上の望遠レンズが必要。500mm 程度のズームレンズがあれば便利。

🔶 問い合わせ先

和寒町役場産業振興課商工観光労政係
Tel: 0165-32-2423
E-mail: ki-shoukou@town.wassamu.hokkaido.jp

❗ メモ・注意点

● 早朝のキャンプサイトは，テント内で休んでいる人たちも多いので，大きな声を出したり，大勢で歩いたりせず，マナーを守った探鳥を心がけてほしい。

湖畔の遊歩道

探鳥地情報

【アクセス】
■ 車：JR「和寒駅」から，国道40号・道道99号を車で約10km。旭川市内から国道40号経由で約30km

【施設・設備】
南丘森林公園内キャンプ場
■ 開園期間：5月上旬～10月ごろ
■ 駐車場：あり
■ トイレ：あり
■ 食事処：なし

【After Birdwatching】
● 塩狩峠記念館（三浦綾子旧宅）：三浦綾子が旭川市内で雑貨屋を営んでいた当時の旧宅を復元し，小説『氷点』執筆の部屋や『塩狩峠』に関する資料などを展示。塩狩峠の山ろくは，桜のシーズンの千本桜も見事である。小説の舞台となった塩狩峠や，主人公のモデルとなった長野政雄の顕彰碑がある JR宗谷本線「塩狩」駅も近い。開館は4月1日～11月30日で，毎週月曜休館（祝日の場合は翌日）(10：00～16：30，入館料：中学生以上200円，小学生以下100円。
http://www.town.wassamu.hokkaido.jp/industrial-development/commerce-tourism/

■取材・執筆 (各地域五十音順、敬称略)

●札幌近郊
大橋弘一（すべて）

●道央
大橋弘一（すべて）

●道南
岩田真知（白神岬、大沼国定公園、砂崎岬、オニウシ公園、遊楽部川、後志利別川）
大橋弘一（奥尻島、函館湾、函館山、八郎沼公園、鹿部町本別、静狩湿原）

●日高・十勝
大橋弘一（静内川河口、様似漁港）
千嶋 淳（襟裳岬周辺、十勝沖、湧洞沼、十勝川下流域、帯広川・相生中島、稲田地区、千代田新水路）

●道東
大橋弘一（落石、春国岱、花咲港・花咲岬、納沙布岬、野付半島）
川崎康弘（知床半島（ウトロ）、斜里漁港、濤沸湖・小清水原生花園、網走港、網走湖、能取湖・能取岬、サロマ湖・ワッカ原生花園、おけと湖）
横山篤史（白糠町刺牛海岸、星が浦川河口海岸、釧路西港、副港・北埠頭・知人町船溜、新釧路川、春採湖・千代ノ浦マリンパーク、鶴見台、阿寒国際ツルセンター・タンチョウ観察センター、厚岸湖湖畔・厚岸漁港）

●道北
大橋弘一（コムケ湖・シブノツナイ湖、オムサロ原生花園）
小杉和樹（利尻町森林公園）
長谷部 真（稚内副港、メグマ沼湿原・声問の浜、サロベツ湿原、兜沼公園、幌延ビジターセンター木道）
野村真輝（クッチャロ湖・ベニヤ原生花園、ウソタンナイ川、天売島、朱鞠内湖、神楽岡公園、永山新川、キトウシ森林公園、大雪旭岳源水・旭岳展望台、南丘森林公園）

シロハヤブサ
（写真：大橋弘一）

新 日本の探鳥地 北海道編
2018年7月20日 初版第1刷発行

編集●BIRDER編集部
　　　（杉野哲也, 中村友洋, 田口聖子, 関口優香）
デザイン・編集●ニシ工芸株式会社

発 行 者●斉藤　博
発 行 所●株式会社 文一総合出版
〒162-0812 東京都新宿区西五軒町2-5　川上ビル
Tel:03-3235-7341（営業）, 03-3235-7342（編集）
Fax:03-3269-1402
https://www.bun-ichi.co.jp/
郵便振替● 00120-5-42149
印　　刷●奥村印刷株式会社

©BIRDER 2018 Printed in Japan
ISBN978-4-8299-7507-7
NDC488　A5（148×210mm）192ページ
乱丁・落丁本はお取り替えいたします。

JCOPY 〈(社)出版者著作権管理機構 委託出版物〉
本書の無断複写は著作権法上での例外を除き禁じられています。
複写される場合は、そのつど事前に、(社)出版者著作権管理機構（電話03-3513-6969, FAX 03-3513-6979, ea-mail: info@jcopy.or.jp）の許諾を得てください。また、本書を代行業者等の第三者に依頼してスキャンやデジタル化することは、たとえ個人や家庭内での利用であっても一切認められておりません。